水中探査…ミッション1

南極の湖で生命の起源を調査せよ！

近年，南極大陸の湖の底でコケ類・藻類・シアノバクテリアを主体とする「コケボウズ」の棲息が確認された！しかし，深度による大きさの違いや群集密度などの詳細なデータは得られていない．今回は，これらを調査すべく最新の水中ロボット(ROV)が南極の湖に潜入した！

日本から南極までは約14000 km．海上自衛隊が運航する「しらせ」はオーストラリアを経由して南極を目指す．
オーストラリアを出港すると，吠える南緯40度，叫ぶ南緯50度，狂う南緯60度と呼ばれる暴風圏が待ち構える．

出港から2週間ほどすると流氷が見られるようになり，次第に船の周囲から海面が消え，360°見渡す限り真っ白な海氷域となる．
この頃になると，海氷上にはペンギンやアザラシの姿を確認できるようになる．

昭和基地や各野外観測地点までは「しらせ」搭載のヘリコプタで移動する．
「しらせ」には輸送用の大型ヘリコプタと観測用の小型ヘリコプタが合計3機搭載できる．

ベース・キャンプから調査を行う湖までは，基本的に徒歩で観測機器を運搬する．
調査に使用する水中ロボットの他に食糧やビバーク用の物資など20～30 kgを背負って歩く．調査する場所によっては1～2時間歩くこともある．

潜航準備が終わったら，いざ湖へ！調査中にはペンギンがやってくることも！

湖の底を覆うように「コケボウズ」の群集を見ることができる（スカルブスネス・長池）．

水中探査…ミッション2

マリアナ海溝の底に棲む生物を超高精細映像で調査せよ!

地球上で最も深いとされるマリアナ海溝チャレンジャ海淵の深さは10911.4 m．指先ほどの面積に軽自動車2台分が乗るのと変わらない圧力が掛かる極限環境．そこにはどんな生物が棲息するのかはあまり知られていない．2014年―最新の4Kカメラ・システムを搭載した水中ロボットがマリアナ海溝の調査に挑んだ!

大勢の人に見送られていよいよ出港．目指すマリアナ海溝までは約5日の船旅．現場海域での調査期間も入れると約1カ月の長期航海となる．

小笠原諸島や孀婦岩の近くを南下し，日本の海域を抜ける．天候が悪いときには甲板に波を被ることもある．

船上の格納庫では調査に向けた準備が着々と行われる．「ゼロ災*注(1)で行こう! ヨシ!」の掛け声で1日の作業がスタートする．

*注(1)「労働災害ゼロ」の意味

水中ロボットの他にも様々な研究機材を用いた調査が行われる．写真は海底の泥を採取する装置．

調査海域に到着すると，いよいよ水中ロボットの出番！波のタイミングを見計らって着水・潜入開始！

マリアナ海溝の海底までは片道約3時間かかるため，海底での調査時間は約1時間．真っ暗な海底を探査機の投光器だけで進む．
新たに開発した4Kカメラ・システムには，ミズムシの仲間が歩く姿やカイコウオオソコエビの泳ぐ姿が映し出された！

HS ハードウェア・セレクション

南極の湖底生物3Dマッピングから
水中遺跡調査，潜水艦救難まで！

深海探査ロボット大解剖 & ミニROV製作［動画付き］

後藤 慎平 著

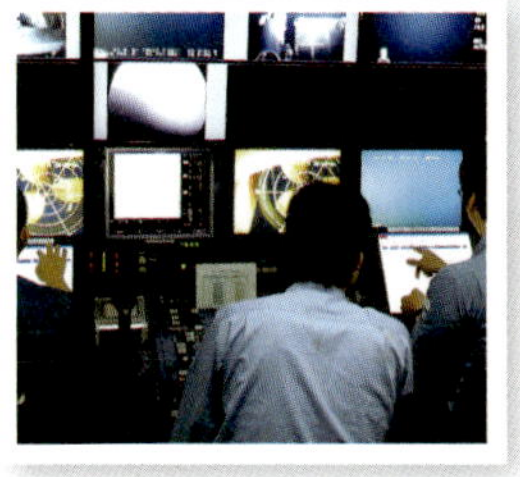

CQ出版社

深海探査ロボット& ミニROV水中動画集 ダイジェスト DVD

潜水性能10メートル！海洋調査研究や水中ロボットの構造学習に活用できるミニROVキット「ROV-TRJ01」

写真1　ROV-TRJ01デモ走行① トラ技Jr.エレキ万博2018

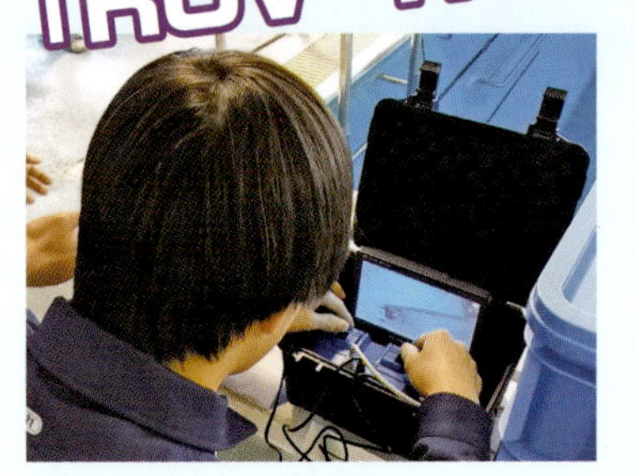
写真2　ROV-TRJ01デモ走行②
三重県立水産高校での実習

写真3　ROV-TRJ01デモ走行③
かごしま水族館試験

本格ROVが見た深海の神秘！

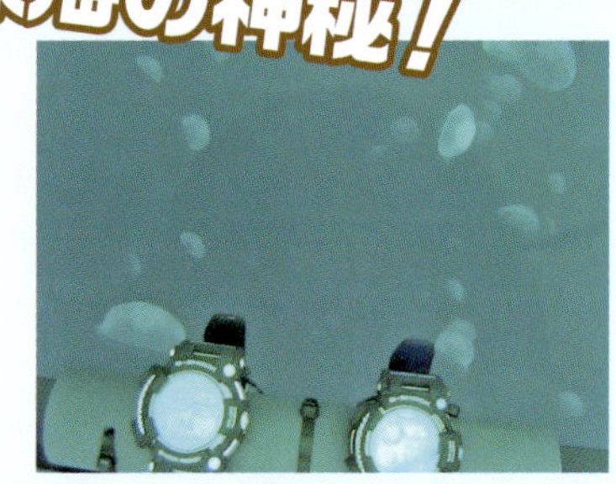
写真4　深海の神秘①
富山湾でクラゲ大量発生

写真6　深海の神秘③ 富山湾でベイト・カメラ調査

写真5　深海の神秘②
ROVを追跡してくる巨大な魚

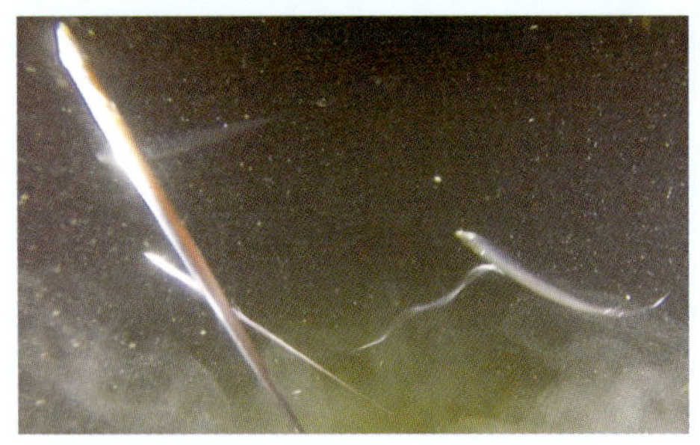
写真7　深海の神秘④ 富山湾でタチウオ乱舞

写真8　深海の神秘⑤ 枕崎沖で深海サメと遭遇

はじめに

地球上の約7割は海に覆われていると教科書などで習います．しかし，その7割のうち，水深200 m以上の「深海」と呼ばれる場所が約98 %を占めると言われています．

水深200 m以深では，光は急速に衰えて漆黒の闇が広がります．深くなればなるほど水温も低下し，水圧も高くなります．生身の人間ではとても潜ることが不可能な世界です．そのため，ほとんどの人は「深海」の世界を直接目にすることはなく，容易に知ることができません．そこで，水中への憧れともいうべき人類の挑戦が古くは紀元前から行われてきました．最初は人がそのまま潜るだけだった潜水も，今ではロボットや潜水艇の進歩により，地球で最も深い場所にも潜ることができるようになりました．

日本は国土をぐるりと海に囲まれているので，海は私たちの生活とは切っても切れない存在です．排他的経済水域（Exclusive Economic Zone：EEZ）を含む日本の領海は世界第6位と言われ，食卓に並ぶ海産物だけでなく，物資の運搬や資源の調達にも，海は密接に関係しています．ところが，近年では地球温暖化や海洋酸性化などの地球規模の環境変動により，海の状況が少しずつ変化し始めています．気象庁が発表したデータによると，日本近海では30年間で海水温が1.2 ℃以上上昇し，pH値は約0.05低下しているということです．今のところはとても小さな値に見えますが，これが100年，200年と続くと大きな問題になってくると考えられます．

さらに，近頃のニュースなどでは魚の不漁といった話題が頻繁に取り上げられるようになりました．不漁の原因にはさまざまな要因があると考えられますが，海の生態系を「知って」「守る」ことが重要です．2016年に行われた国際連合のサミットでは，「持続可能な開発目標（Sustainable Development Goals：SDGs）」の1つとして，「海の豊かさを守ろう」という目標が掲げられました．海の豊かさを守ることは，海の恵みを受ける私たち人間にとっても大切なことなのです．

このように，海の「今」を詳細に知ることが世界中で求められ，様々な調査機器が開発されています．その中でも，水中探査機は広大な海の中を自由に見るための有効なツールとして活用されています．人が立ち入ることのできない危険な海域や，北極・南極などの極限環境，さらには地球で最も深いマリアナ海溝なども調査ができるようになってきました．これにより，今までは知られていなかった深海の姿を，我々も目にできる機会が格段に増えました．

また，水産高校などを対象とした新たな学習指導要領では，水中ロボットに関する項目が明記されました．既に一部の水産高校などでは水中ロボットの開発と運用に関する実習を取り入れる試みも始まっています．今後，水中機器の専門的知識を有する人材が育つことで，海洋産業への水中ロボットの普及が期待されます．

さらに，水中機器を使ったコンテストなども活発に行われるようになり，我々にとっても身近な存在になりつつあります．しかし，高い圧力のかかる水中で探査機を自由に動かす海のエレクトロニクスや探査機の運用ノウハウについては，教材や学べる場所が少ないのが現状です．本書を通して，より多くの人たちに水中のエレクトロニクスを知ってもらい，さらに進化させていただければ幸甚です．

2019年7月　後藤 慎平

CONTENTS

第1章

第1部：水中探査機のしくみとエレクトロニクス

水中探査の歴史

1-1　水中ロボットが明らかにする世界

● 人類と潜水の歴史

人類が初めて装置を使って潜水を行ったのは，世界を制覇したアレキサンダー大王(A.C.356年～A.C.323年)だといわれています．樽型のガラスの中に入り，海の中に潜ったという伝説が残っています(**図1-1**)．その後も，金属製の鐘状の物体(潜水鐘)の中に入る方法や，陸上から空気を送るチューブの付いたヘルメット状のものを被る方法(送気式潜水)など，様々な潜水装置が考え出されました．**写真1-1**は深海大気潜水服(通称：JIMスーツ)と呼ばれるもので，深海の外圧から身体を守る構造になっています．深海でも作業が可能なように，両腕の先端にはマニピュレータ(ロボット・アーム)が付いていて，200m以上の深海で作業を行っていました．

図1-1　ガラス瓶で海に潜るアレキサンダー大王(16世紀の絵画)(出典：フリー百科事典Wikipedia)

送気式潜水は，船上や陸上からコンプレッサを使って空気を送るため，重いボンベを背負って潜る必要がありません．そのため，体を自由に動かせることから港湾工事などで多く用いられました．ところが，送気ホースが船のスクリュに絡む事故や，空気とは異なるガス(排気ガスや一酸化炭素など)が誤って潜水者に送気され，酸欠になる事故も後を絶ちませんでした．

さらに，人類の海への探求心が深海に向かうに従って，「減圧症」の危険にもさらされることになりました．減圧症は，生身の人間が深い海や湖に潜ることで起こる病気で，「潜水病」ともいわれます．深い場所から急に水面に浮上した場合など，高圧環境から急激に圧力が下がるために，体内の血液や体液に溶け込んでい

写真1-1　深海大気潜水服は深海の外圧から身体を守る構造になっている

た気体の体積が膨張して気泡として発生します．これが血液中で起こると血管を塞いでしまい，最悪の場合は死に至ることもあります．そのため，レジャー・ダイビングなどでも深く潜る場合には，講習を受けて特別な資格を取得する必要があります．それでも，レジャー・ダイビングで潜ることができるのは，だいたい水深50 mくらいが限界です．

また，レジャー・ダイビングの資格では水中での土木工事や作業などは許可されていないため，国家資格である潜水士の資格を取得する必要があります．潜水士は厳格に定められた法令に従って水中で作業をするため，事故を未然に防ぐことができます．しかし，潜水士であっても長時間の潜水は非常に危険を伴います．そのため，深度ごとの潜水可能時間が法律で決められています．さらに，作業深度が深くなるに従って減圧症のリスクが高まるため，作業者にかかっている水圧を減圧する時間（水深10 mくらいの比較的浅い場所で，体の圧力を徐々に大気圧に慣らす時間）も長くなります．そのため，深い場所に行けば行くほど，1本の酸素ボンベで潜水できる時間は短くなります．

近年では「リブリーザ」と呼ばれる機器を使って，長時間かつ大深度での作業が可能な潜水方法も登場していますが，生身の人間が潜水できる深度には限界があるため，数100メートルを超える深海での作業や調査はできません．このように，生身の人間が深く潜るには潜水装置や減圧症の課題があるので，大深度で長時間かつ安全に潜水できる手段が常に望まれてきました．

● 深海の生物や海底の地形／資源の調査

人々の「水中を自由に見たい」という思いは，やがて海洋生物調査や海底地形調査へと発展していきました．地球の表面の約70％を占める海の平均水深は，約3800 mです．さらに，水深200 mより深い「深海」（深海の定義はさまざまですが，本書では水深200 m以深を深海と規定します）の体積は，全海洋の約98％を占めます．特に，日本は世界でも珍しい「深海」大国です．日本で最も深い湾である駿河湾は，静岡県の焼津港などから船で数分も走れば，足元には水深500 m以上の「深海」が広がります．ここには，**写真1-2**，**写真1-3**のような珍しい深海性のサメや多くの魚類が生息しています．

さらに，日本から比較的近い場所に，世界で最も深いマリアナ海溝チャレンジャ海淵があります．ここの水深は10911.4 mであり，富士山の3つ分よりも深い場所に海底が存在します．そこは，1 cm^{2}当たり約1.1トンもの圧力がかかる世界です．これは人さし指の先ほどの広さに，軽自動車が2台乗っているのと同じ状態です．しかし，この極限とも呼べる環境にも，ゴカイやエビなどの生物が棲（す）んでいます．また，目に見える生物だけでなく，海底の堆積物の中には高圧な環境を好む細菌なども生息しています．

深海では，生物だけではなく様々な調査も行われています．日本は世界第6位の排他的経済水域（200海里水域）を有しています．そこには，次世代の資源として注目を集めているレア・アースやメタン・ハイドレートなどが豊富に賦存（ふそん）しているとされ，資源量を正確に算出するための調査が行われています．そのため，海底資源が存在する海底の広さや厚さを計測したり，それらを採取したりする装置や手法などが検討されています．

海底地形の調査では，資源だけでなく海底火山や断層などの調査も実施されています．**図1-2**を見ると分かるように，日本列島はユーラシアプレート，北米プレート，太平洋プレート，フィリピン海プレートの4つのプレートが衝突する複雑なプレート運動のすぐ近くに位置しています．

プレートが衝突して潜り込む場所は「海溝」と呼ばれます．世界に海溝は約30カ所あるとされており，4つのプレートが衝突する日本近海には，7つの海溝・トラフ（千島海溝，日本海溝，伊豆・小笠原海溝，相模トラフ，駿河トラフ，南海トラフ，琉球海溝）が分布しています．

陸地から近い千葉の沖合には，「三重会合点」と呼ばれる3つのプレートがぶつかり合う珍しい海域も存

写真1-2　駿河湾で捕獲された深海性のサメ（ユメザメの仲間）

写真1-3　相模湾で捕獲された深海性のサメ（アブラツノザメの仲間）

在します．また，これらの海溝周辺ではプレートの運動や断層の活動により，しばしば大きな地震が発生します．2011年3月に発生した東日本大震災は，水深8000 m以上にある日本海溝付近が震源とされています．現在の技術で地震を完全に予知することは難しく，海底の状況を継続的にモニタリングすることが求められています．

● 水中ロボットを使って深海を調査

また近年では，人が潜ることが困難な深海の調査だけでなく，浅い海や湖などでの調査にも**写真1-4**に示す水中ロボットが多く活用されるようになってきました．身近なところでは漁業や船底の点検などにも活用されるようになってきました．日本では，2013年ごろから水中に眠る遺跡の調査に本格的に水中ロボットが活用されるようになりました．水中遺跡は，おおむね水深100 m以浅に存在し，日本には約512カ所もの水中遺跡が存在するとされています．これまでは，潜水士が潜って調査や発掘を行ってきましたが，広大な海や湖の中から遺跡を発見するのは難しく，さらに前述したような潜水時間の規定や潜水病などの問題がありました．そこで，水中ロボットなどを使って効率的に水中の遺跡を調査する手法が用いられるようになりました．

さらに，水中ロボットは海だけでなく，日本から遠

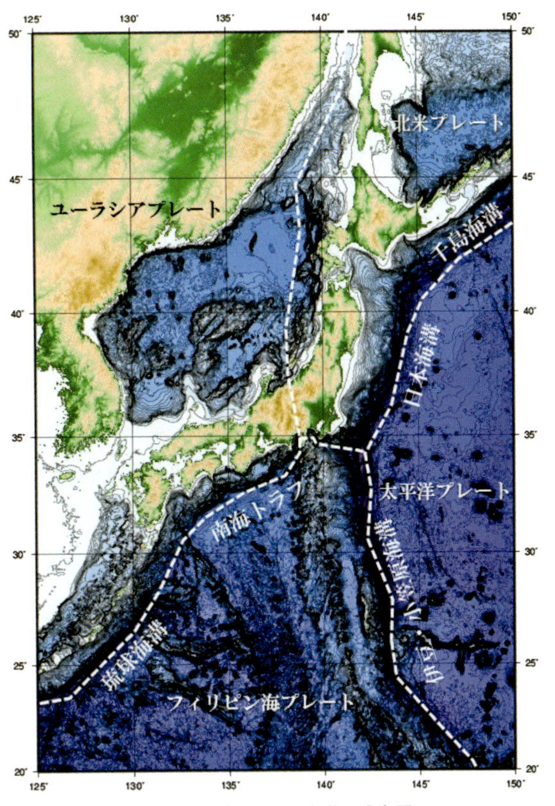

図1-2　日本列島周辺のプレートと海溝の分布図

写真1-4　南極湖沼観測用に開発された小型水中無人探査ロボット

く離れた南極の湖でも活用されています．2018年1月には，日本の第59次南極観測地域観測隊のチームが，南極の湖で水中ロボットを使った湖底のステレオ視マッピング調査を世界で初めて実施しました．真冬には−40 ℃以下になる南極でも正常に動作する**写真1-4**のような水中ロボットを開発し，南極大陸に多数存在する湖の中の様子を映し出しました．

このように，私たち人類が水中を自由に観察することを求めてきた結果，考え出されたのが水中ロボットでした．これにより，人が直接潜ることが困難な超深海と呼ばれる水深11000 mの海底も見ることが可能になりました．水中ロボットの登場により，未知なる水中の世界が次々と明らかになってきました．

1-2　水中ロボットの特徴と開発の歴史

前節で述べたように，水中ロボットは用途に応じた様々なタイプが生み出されていますが，大きくは次の3つに分類することができます．

①有人潜水艇
②遠隔操縦型無人探査機
③自律型無人探査機

ここでは，それぞれの水中ロボットの特徴と開発の歴史について解説します．

● 有人潜水艇（または有人潜水船）

有人潜水艇はその名のとおり，内部に人が乗り込んで操縦するロボットです．日本では，国立研究開発法人 海洋研究開発機構（以下，JAMSTEC）の「しんかい6500」が有名です（**写真1-5**）．歴史的に見ると，最も古い有人潜水はアレキサンダー大王が最初とされていますが，本格的な水中ロボットを用いた有人潜水としては，1929年に日本の西村一松氏が設計した「西村式潜水艇」が最初とされています．

西村式潜水艇は，全長約10 m，幅約1.8 m，計画潜水深度は300 mで，バッテリからの電力でモータ（スクリュ）を動かして航行しました．4人が乗り込むことができ，覗き窓や投光器，マニピュレータも装備し

写真1-5　日本の有人潜水船「しんかい6500」（25周年特別塗装）

ていました．その後，1935年に建造された2号艇では，バッテリに加えて洋上航行用のディーゼル・エンジンも搭載され，計画潜水深度も350 mになるなど大幅に改善されました．これは，当時の伊号潜水艦の潜水可能深度(約100 m)よりも深く潜れることから，軍の技術研究所によるアクティブ・ソナー(音波を発信して物体からの反射音を聴音して距離や形状を特定する装置)や海底音波探査技術の開発などで活躍しました．

海外でも時をほぼ同じくして，英国人の生態学者であるウイリアム・ビービ(William Beebe)が開発した「潜水球」が，1932年に水深913 mの潜水に成功しました．これは，直径約1.45 mの鋼鉄製の球体に厚さ約7.6 cmのガラス窓を取り付けた物で，船からワイヤで吊り下げて潜水するものでした．西村式潜水艇のような推進装置(スクリュ)は装備されておらず，深海で自由に動き回ることはできませんでしたが，それまでは未知の世界とされてきた深海の生物研究にとっては大きな一歩になりました．

その後，より広く深く調査したいという研究者たちの思いから，様々な潜水艇が開発されました．1960年には，オーギュスト・ピカール(Auguste Piccard)によって設計された深海潜水調査船「トリエステ(Trieste)」が，地球で最も深いマリアナ海溝の最深部であるチャレンジャ海淵への潜航に成功しました．トリエステは長さが約18 m，幅が約3.5 mの2人乗りで，浮力の調整には海水よりも比重の小さいガソリンを用いていました．海底に到着すると，ショット・バラストと呼ばれるおもりを半分ほど捨てて浮力を調整し，調査が終わると残りのバラストを捨てて浮力を得て海面まで浮上しました．バラストは電磁石で保持されているため，万が一，電源が故障してもバラストが自重で落下するように設計されていました．この電磁石によるバラスト切り離し方式は，現代の水中探査機でも使われることがあります．

日本でも，1968年には最大潜航深度600 mの初代「しんかい」が開発されました．初代「しんかい」は全長16.5 m，幅5.5 m，高さ5 m，搭乗人員は4名で，川崎重工 神戸造船所が建造を担当しました．精密な海底地図作成のための海底地形調査や海底資源の調査，大陸棚調査のほか，漁業調査，海象調査，海中音速の計測などが主な目的とされました．

人が搭乗する部分と電子機器を格納する部分には，水深600 mの水圧に耐えることのできる金属性の球体「耐圧殻」が用いられました．しかし，1つの耐圧殻内に全ての機器を収めることは困難であったことから，2つの耐圧殻を円筒の部材でつないで製作されました．

人員搭乗部には「しんかい」の操縦装置やカメラ映像を映すモニタが設置され，機器格納部には推進器用のインバータや配電盤などが設置されました．また，観測装置としては，マニピュレータのほか，テレビ・カメラ，プランクトン採取装置，採泥装置，音速測定装置など，水中の現象を捉える様々な最新鋭装置が搭載されていました．運用は海上保安庁が担当し，1977年まで活躍しました．

その後，さらに深くまで潜って調査を行うことが求められたため，1981年に「しんかい2000」が建造されました．初代「しんかい」の建造と運用で得たノウハウと，これまでとは比べものにならない未知の水圧への挑戦となりました．「しんかい2000」は全長9.3 m，幅3 m，高さ2.9 mであり，「初代しんかい」よりも一回り小さくなりました．「しんかい2000」は文字通り水深2000 mまで潜航可能であったことから，これまでは未知の世界であった深海の姿を明らかにすることに成功しました．

1990年に水深6500 mまで潜航可能な「しんかい6500」が誕生すると，これまでは解明されていなかった日本海溝の断層や貧栄養環境で暮らす生物といった深海の実態を次々と明らかにし，日本の海洋科学調査に大きな功績をもたらしました．

現代では，多くの有人潜水艇が世界中で活躍しています．2012年には，映画監督のジェームズ・キャメロン(James Francis Cameron)が1人乗りの「Deepsea Challenger」でマリアナ海溝の潜航に成功しています(2015年に輸送中の火災事故により損傷)．また，これまでの鋼鉄製の潜水調査艇とは違い，全体を見渡せるガラス球の中に入って操縦するタイプも生み出されました．

有人潜水艇では，海洋調査だけでなくシーレーン防衛の要となる潜水艦を救助するためのものも作られています．**写真1-6**は，潜水艦救難艦「ちはや」に搭載されている深海救難艇(Deep Submergence Rescue Vehicle：DSRV)です．「しんかい6500」が3名乗りなのに対し，DSRVは救助した乗員が搭乗するスペースが確保されており，最大12名が搭乗可能です．**表1-1**に，世界の代表的な有人潜水調査艇を示します．

● 遠隔操縦型無人探査機

遠隔操縦型無人探査機は「ROV(Remotely Operated Vehicle)」と呼ばれ，船上(または陸上)から遠隔で操縦する水中ロボットです．ROVには，水中での移動を可能にするスラスタ(thruster；推進装置)と，水中の様子を撮影するカメラやライトが搭載されています．操縦は，船上(または陸上)の操縦装置から行います．操縦装置とROVはアンビリカル・ケーブル(Umbilical cable；電源や信号を供給する電線)で結ばれており，電力などを供給すると同時に，ROVからリアルタイムで送られてくるカメラの映像やソナー画像を見ながら操縦することができます．

写真1-6　海上自衛隊の潜水艦救難艦「ちはや」に搭載されている深海救難艇DSRV

表1-1　世界の代表的な有人潜水調査艇

名　称	所有国	搭乗人員	最大潜航深度
しんかい6500	日本	3名	6500m
Nautile	フランス	3名	6000m
Alvin	アメリカ	3名	6500m
Johnson Sealink	アメリカ	4名	910m
PISCES	アメリカ	3名	2000m
Mir Ⅰ&Ⅱ	ロシア	3名	6000m
蛟竜	中国	3名	7000m

ROVの開発が本格化したのは1960年代に入ってからで，米軍の開発した「CURV-1」が最初と言われています．その後，1970年代に入ると，石油開発などの分野で多く使われるようになり，生産数も飛躍的に増加しました．その背景には，水中ロボットは無人であり人命が危険にさらされる心配がないことと，マニピュレータなどが開発されたことによる作業性の向上があります．

1980年代に入ると，ROVの安全性や作業性が広く知られるようになり，港湾やダムでの作業にも用いられるようになりました．しかし，これらのROVの主な作業といえば，カメラによる観察と簡単な作業でした．また，可能潜航深度も水深1000 m未満のものが多く，地球上の海洋の平均水深3800 mを網羅し，様々な調査を行うには性能が足りませんでした．

そこで，大深度に潜航可能で，海底での重作業も可能な大型のROVが開発されるようになりました．重作業用ROVに搭載される機器は，従来のROVと同様にテレビ・カメラや投光器，マニピュレータが主ですが，耐圧性能を向上させるため各機器の耐圧容器などには高い強度が求められました．そのために機体自体が重くなるので，大型のスラスタや動力源となる大出力の油圧装置などが用いられました．

油圧装置は，ポンプから送り出される油の力でアクチュエータを動かします．これにより強力なマニピュレータを使用できるため，海底で重量物を持ち上げることも可能になりました．日本で最初に取り入れられた重作業型ROVは，「しんかい2000」の救難の目的で建造された「ドルフィン3K」でした．この「ドルフィン3K」は，水深3300 mまで潜航することができます．1997年に起こった「ナホトカ号」の事故や第2次世界大戦中に撃沈された「対馬丸」の調査でも活躍しました．

その後，1995年には「しんかい6500」の救難任務を兼ねたROV「かいこう」が建造されました．このROVは，地球最深部であるマリアナ海溝チャレンジャ海淵に潜航可能な11000 m級ROVとして建造され，1995年3月に行われたマリアナ海溝での試験で，世界記録となる潜航深度10911.4 mを記録しました．

「かいこう」は通常のROVと違い，11000 mまでの潜航を実現するために様々な工夫がなされています．その代表的な特徴として，「ランチャ・ビークル方式」が採用されました．ROVと母船をつなぐアンビリカル・ケーブル(1次ケーブル)は，距離が長くなるほど潮流の影響を受けやすくなり，ROV本体は自由に動き回ることが難しくなります．そこで「かいこう」では，母船と1次ケーブルで結ばれた親機(ランチャ)が潮流の影響を受け流すことで，子機(ビークル)への影響を軽減する画期的な方法が考えられました．ランチャとビークルは2次ケーブルで結ばれ，リアルタイムで操縦することが可能です．

しかし，ランチャ・ビークル方式は機体が大型化するというデメリットもありました．太いアンビリカル・ケーブルでは潮流の影響を受けやすいため，ケーブルの構造を見直し，ROVを動かすための動力を船から送電するのではなく，ROV内部にバッテリを搭載し，細い光ファイバのみで制御する方式のROVが考え出されました．これによりランチャが不要となり，ROV単体でも大深度まで潜航することが可能になりました．この方式を採用したアメリカの「Nereus(ネレウス)」(2014年に潜航中の事故により亡失)は，マリアナ海溝で数多くの調査を行ってきました．

その後もROVの性能はコンピュータ技術の進歩とともに向上し，近年では目的や用途に応じて様々なROVが開発されています．我々に身近なところでは，漁礁の調査や水産高校の実習などにも使用されています．

自律型無人探査機

有人潜水艇やROVが人の手によって操縦されるのに対し，自律型無人探査機(Autonomous Underwater Vehicle：AUV)は，海中に投入されると設定されたプログラムに基づいて調査を行い，調査が完了すると自動で帰投するロボットです．機体内部にバッテリを搭載しているため，ROVのような電力を送るアンビリカル・ケーブルを必要としません．AUVはケーブルがないため，行動範囲が拘束されることなく広範囲の調査を行うことができます．一方で，カメラ映像や計測データをリアルタイムで観察することはできませんが，撮影したデータは内部のメモリに記録されて帰投後に確認されます．

AUVの開発は，マイクロコンピュータが民生品として普及しはじめた1980年代から行われてきました．しかし，当初はAUVを構成する機器や要素技術の開発が主であり，本格的なAUVの開発が始まったのは1990年代に入ってからでした．日本では，東京大学生産技術研究所がAUV開発の先駆け的存在として知られており，1996年に水深3000 mまで潜航可能な「R-One」ロボットの初潜航に成功しています．

当時は大容量のバッテリが開発されていなかったので，長距離航行を行うには不十分な性能でした．そこで，「R-One」ロボットは動力源としてディーゼル・エンジンを搭載し，長距離の連続航行を目指して開発されました．その結果，4時間以上の連続航行に成功し，AUVの最大の特徴である「広域調査」の実現に向けて大きな成果を残しました．

また，海外でもAUVの開発が活発化し，アメリカのウッズホール研究所は水深4500 mまで潜航可能なAUV「The Autonomous Benthic Explorer：ABE」を開発しました．さらに，1998年にはJAMSTECも「うらしま」の開発に着手し，2年後には実海域での自律制御ソフトなどの試験に成功しました．そして，より長距離の連続航行を実現するため，2005年には燃料電池を用いた試験を行い，317 kmの連続航行の世界記録を樹立しました．

その後もコンピュータの高性能化とともに，AUVは目まぐるしく技術進歩しています．特に，AUVに不可欠なセンサ部品の民生品化や大容量バッテリの開発が進んだことで，小型化・低価格化が進み，様々な海洋調査の現場で活用されるようになりました．また，個人でも自作することが可能になってきました．海外では，油田調査や海氷下の調査などに多くのAUVが用いられており，容易に購入できるようになってきました．日本でも，海上保安庁や海上自衛隊でAUVの導入が進められています．

1-3　日本で見られる実物の水中探査機

これまで見てきたように，日本でも多くの水中探査機が作られてきました．多くの場合，現役を引退した探査機は廃棄されています．しかし，少しでも多くの人に海の調査について知ってもらおうと，実機を展示している博物館や水族館などの施設もあります．その一部を表1-2にまとめました．高い水圧から人や機器を守り，水中で自由に動き回るためにどのような工夫がされているかが，間近で見られる貴重な実物資料です．興味のある人は，一度，足を運んでみてください．

表1-2　日本で見られる実物の水中探査機(2017年12月現在)

探査機の名称	展示施設	都道府県	備　考
くろしおⅡ号	福島町 青函トンネル記念館	北海道	
たんかい	船の科学館	東京都	
PC-18(模型)	船の科学館	東京都	
しんかい2000	新江ノ島水族館	神奈川県	

※くろしおⅡ号(提供：福島町・青函トンネル記念館)

探査機の名称	展示施設	都道府県	備　考
ドルフィン3K	名古屋市科学館	愛知県	
MURS 100	玉野海洋博物館	岡山県	
しんかい(初代)	大和ミュージアム	広島県	
はくよう	いおワールド かごしま水族館	鹿児島県	

※MURS 100(提供：玉野海洋博物館)

第2章

有人潜水船のエレクトロニクス

前章で見てきたように，海中を探査するロボットには大きく分けて以下の3つのタイプがあります．

(1) 人が乗り込んで操作する有人潜水艇
(2) ケーブルでつながれた探査機を遠隔で操作する遠隔操縦型無人探査機
(3) コンピュータ制御により全自動で航行する自律型無人探査機

本章では，人が乗り込んで直接深海に潜ることのできる有人潜水船のエレクトロニクスについて説明します．

2-1 水深6500 mまで潜れる「しんかい6500」

JAMSTECが運用するしんかい6500は，その名のとおり水深6500 mまで潜ることができる有人潜水調査船です．直径2 mの耐圧殻と呼ばれる金属球の中に入り，窓から外を見ながら操縦します．搭乗できる人員は3名で，パイロット1名，コパイロット1名，研究者1名です．しんかい6500には，**写真2-1**に示すような様々な調査機器が搭載されています．

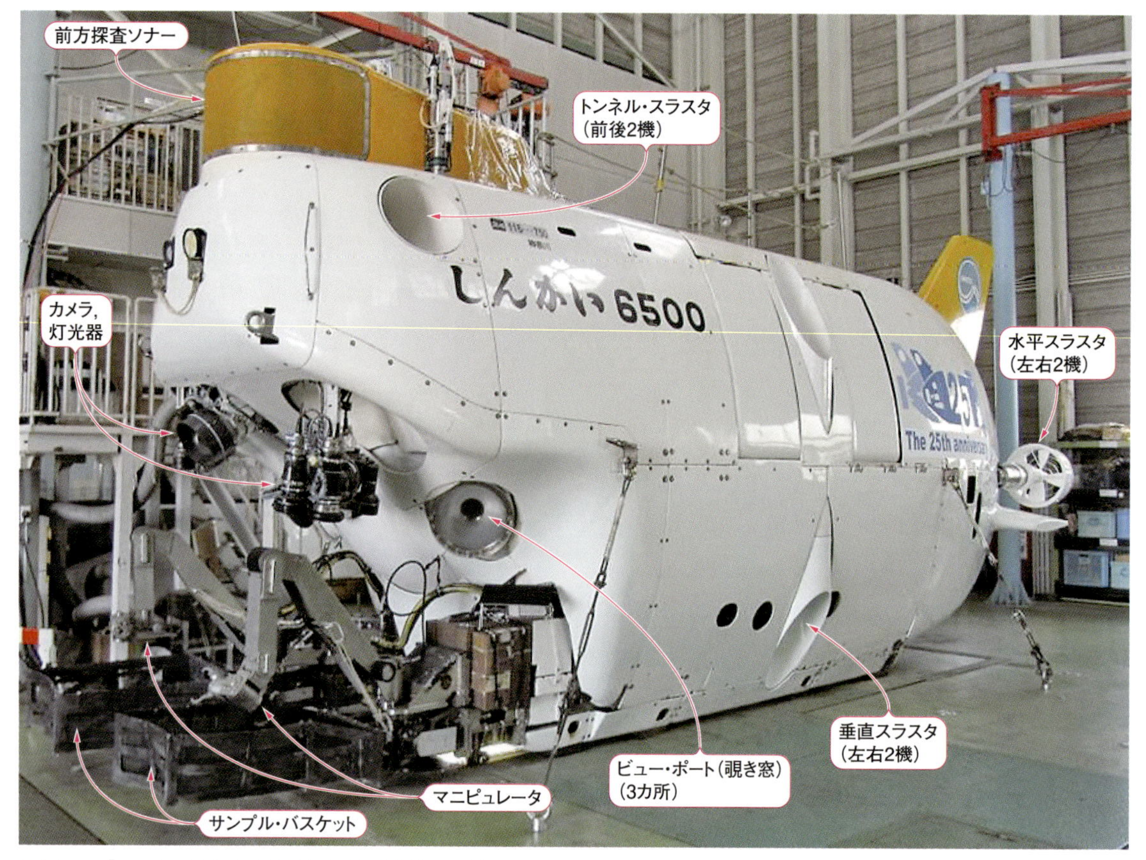

写真2-1 「しんかい6500」に搭載されている機器の一例

例えば，真っ暗な深海を照らし出す灯光器(ライト)や，生物や岩石をサンプリングするマニピュレータとサンプルを持ち帰るためのバスケット，海底の様子を撮影するカメラなどがあります．その他，ミッションに応じて様々な観測機器を取り付けることが可能です．また，海底では大型のスラスタ(スクリュ)を使って自由に航行することが可能です．

● 深海に行って帰るのは1日仕事！

しんかい6500は，支援母船の「よこすか」(**写真2-2**)に搭載して調査海域まで行きます．調査海域に到着すると，よこすかの後部甲板に設置されているAフレーム・クレーンと呼ばれる大型のクレーンにより吊り上げられ，海面へと降ろされます(**写真2-3**)．着水すると機体内部のバラスト・タンクに海水を注水して，機体を重くして自重により潜航していきます．機体の重量は搭載する装置などによって変動するため，鉄製のバラスト(おもり)を使って機体重量の調整を行います．毎分約45 mで下降していくため，水深6500 mまでは，おおむね2時間30分ほどかかります．

海底付近に到着すると，バラストの一部を捨てて機体を浮きも沈みもしない状態に保ちます．この状態を

写真2-2 「しんかい6500」の母船「よこすか」

写真2-3 よこすかのAフレーム・クレーンで吊り上げられる「しんかい6500」

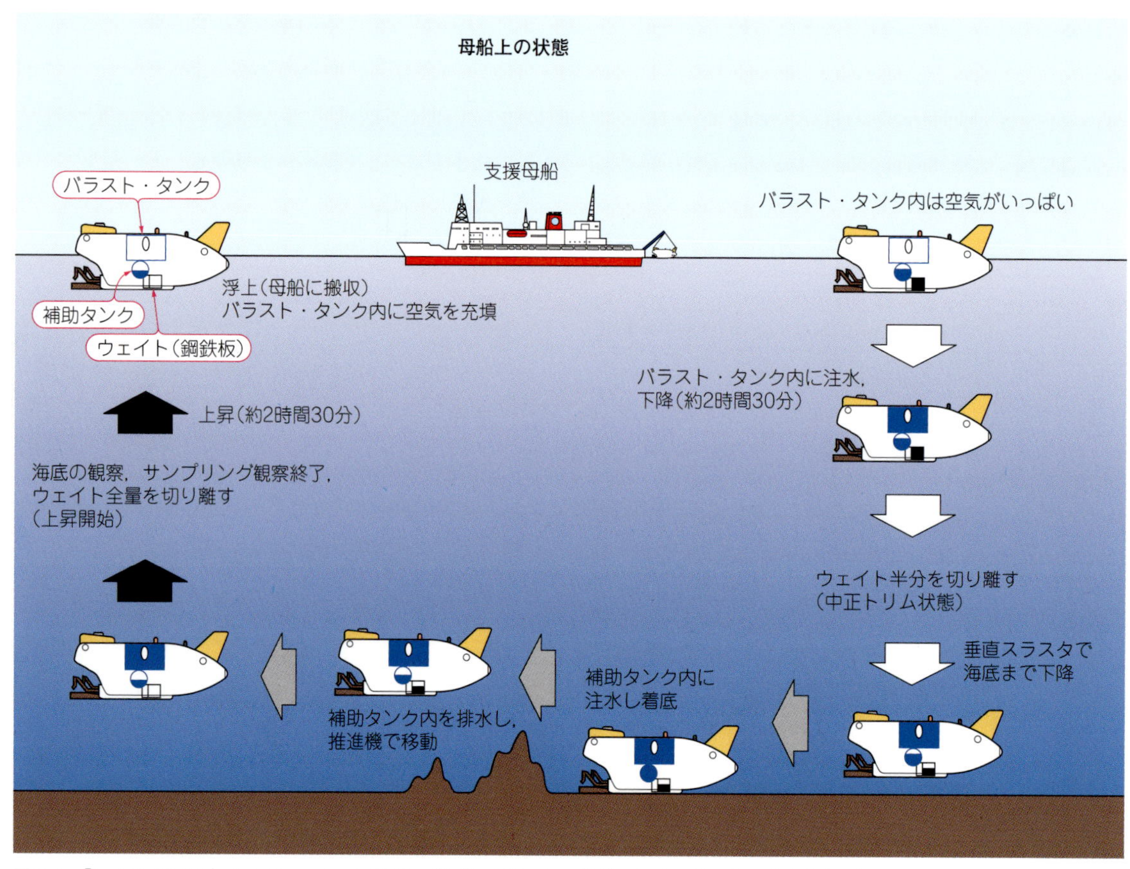

図2-1 「しんかい6500」のオペレーション(出典:浦 環,高川 真一 編著;海中ロボット,成山堂書店)

中性浮力(または中性ツリム)といいます.しかし,バラストの調整量だけでは厳密な中性浮力を保つことが困難なため,微妙な浮力の調整用に設けられた補助タンク内に海水を注水して浮力調整を行います.これにより,機体は中性浮力で安定し,水平スラスタを使って自由に動き回ることができます.着底したい場合には,補助タンクを使って自重を調整します.

海底では約3時間の調査を行います.調査が終わると,残りのバラストを捨て,バラスト・タンクおよび補助タンク内の海水を排水して機体を軽くして浮上します.バラスト・タンク内の海水を排水するには,水深6500 mの圧力下でも圧壊しない耐圧容器(気蓄器)に納められた圧縮空気を使います.気蓄器のバルブを操作して内部の圧縮空気を各タンク内に放出することで,タンク内の海水を排出して浮力を得ます(**図2-1**).これは,海上自衛隊が運用している潜水艦でも同様の方法が用いられています.

海面に浮上したしんかい6500は,2名のダイバーが小型ボートから乗り移って母船に揚収するための牽引策を取り付けます.そのためには,大人2人が乗っても探査機が沈んでしまうことがないように,海面での十分な浮力が必要になります.

2-2 深海は圧力が高く電波が使えず真っ暗

深海の世界は三重苦(?)

深海の世界で様々な機械を動かすためには,次の三重苦を克服しなければなりません.

(1) 水深が深くなるほど圧力が大きくなる
(2) 海中では電波が通じない
(3) 深海は真っ暗闇で寒い

まず,(3)についてはロボットを使えばあまり問題になりません.また,有人潜水船に乗る人は厚着をして,照明用のライトを取り付ければ問題は解決します.しかし,(1)の高い水圧と(2)の電波が使えないことは,大きな問題になります.

(1)の高い水圧への対策は,水中探査機を開発する上で最も重要です.海中に物を沈めると物体の表面には海水の重さがかかってきます.これが水圧です.**図2-2**に示すように,海水の重さは1 cm^3で約1.03 gです.水深6500 mでは,1 cm^2(親指の爪くらい)に670 kg(軽自動車くらい)の重さがかかり,手のひら程度の面積

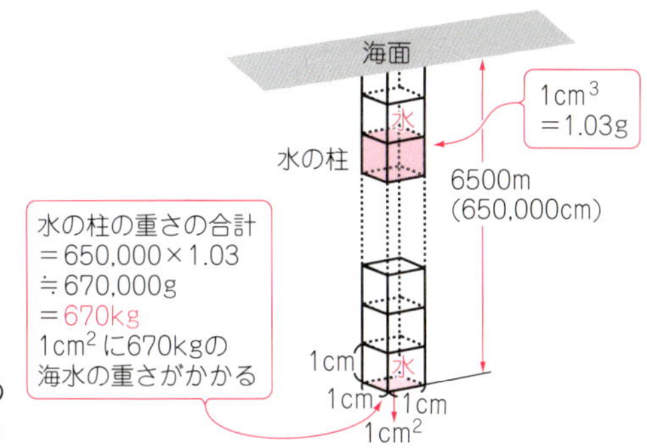

図2-2　水深6500 mでは指先ほどの面積で670 kgの海水の重さを受ける

写真2-4　整備中の「しんかい6500」
外装パネルやほとんどの機器が取り外され，耐圧殻と骨組みがむき出しになっている

では約16トン(大型バスくらい)の水圧がかかります．潜水艇が深さ6500 mまで潜ると，人が乗る耐圧殻(**写真2-4**)と呼ばれる直径2 mのチタン製の球体の表面全体には，なんと8万トン以上の水圧がかかることになります．

次に，(2)の電波が使えない問題ですが，電波の代わりに音波を使うことで探査機の位置や目標物の検知などを行っています．海面から6500 mも深い海底で活動する潜水艇の正確な位置を知ることが，洋上の支援母船に求められます．しかし，洋上ではGPSなどの電波を受信することが可能ですが，水中では電波は急速に減衰してしまいます．そこで，水中での潜水艇の位置を測位する方法として，水中でも遠くまで伝搬する性質を持った音波を使用しています．音波により，支援母船は潜水艇が調査している海域や浮上してくる場所を正確に知ることができます(**コラム1**参照)．

また，音波は物体からの反射音を捉えることで距離や形状を知ることができます．強力な灯光器を使っても水中での見通し距離は約10 m程度で，前方に巨大な岩や障害物がないかどうかを目視で確認するのはなかなか困難です．そこで，潜水艇やROVなどの深海探査機には，前方に超音波を発射して反射音から障害物の有無や距離などを探知する前方探査ソナーを搭載しています．

2-3　電子部品を高圧から守る耐圧容器

● 海水の重さ＝水圧に打ち勝て！

深海で使う機械や電子回路は，大きな圧力を受けても壊れずに動作しなければなりません．一番簡単な解決法は，丈夫な容器の中に入れることです．すなわち**図2-3**のように，球や筒状の容器(耐圧容器，耐圧殻)に入れてしまうのです．耐圧容器の代表的な素材としては，チタン合金やアルミ合金，ステンレスなどがあ

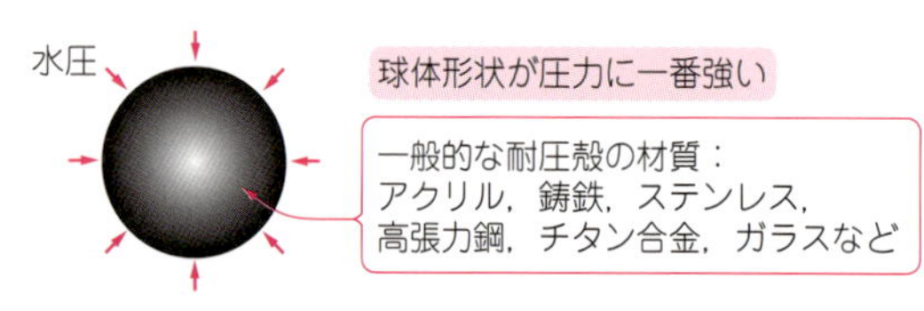

（a）球体

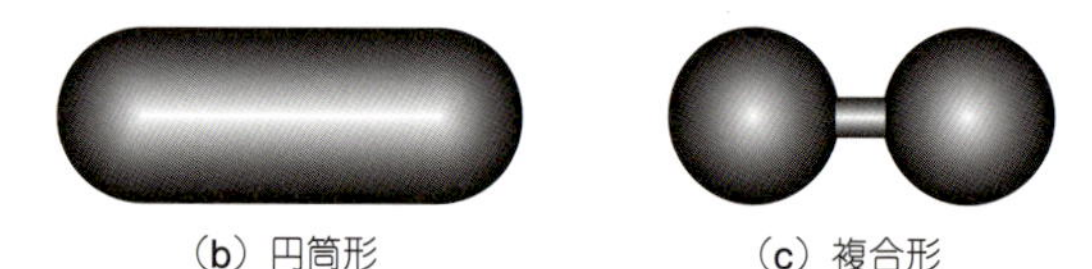

（b）円筒形　（c）複合形

図2-3　水圧に一番強い形状はシンプルなボール型

ります．チタン合金は航空機にも使われている素材で，軽くて丈夫で錆びないという理想的な材料です．しかし，高価で溶接が難しいという欠点もあります．

一方，アルミ合金やステンレスはチタン合金に比べて安価で手に入ります．しかし，チタン合金よりも強度が劣るため，容器を分厚くする必要があります．そのため，容器自体が大きく，重くなってしまいます．また，アルミ合金は海水に浸かると錆びてしまうため，表面にアルマイト加工と呼ばれる防蝕処理をしなくてはなりません．

しかしアルミ合金は，防蝕処理をしていてもキズな

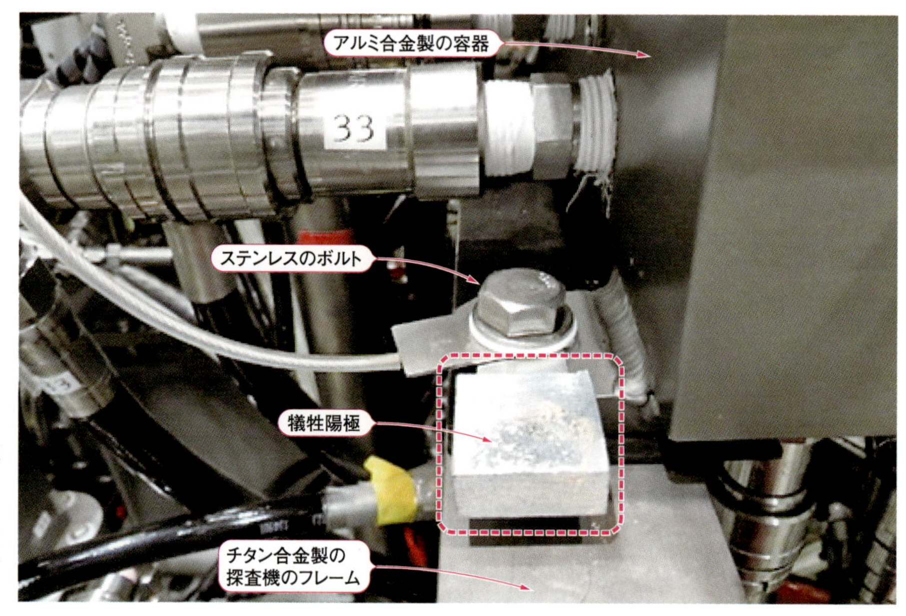

写真2-5　深海探査機に取り付けられた防蝕亜鉛
深海探査機のフレーム（チタン合金製）に取り付けられたアルミ合金製の容器が腐食するのを防いでいる

コラム1　電波が使えない海中では音波が使われる

図1-Aに，電波と音波の吸収減衰と周波数の関係を示します．吸収減衰とは，電波や音波が1 m進む間に弱くなる度合い（相対値）で，dB/mで表します．dB（デシベル）は比較の単位です．

例えば，AM放送などの1 MHzの電波では31dB/m（1 m進むと38分の1）しか弱くなりませんが，FM放送などの80 MHzの電波は8400万分の1も弱まります．しかし，同じ1 MHzの音波は，わずか0.32 dB/m（1 m進むと1.04分の1）しか弱くなりません．そのため海中では，海底地形図の作成や潜水調査船との通信には減衰の大きな電波ではなく音波が使われています．また，この図から我々の目に見える光（可視光）は，海中ではあまり弱くならないことが分かります．

海中で電波が通らないことは，簡単に実験できます．まず，バケツなどに海水と同じ塩分の水（1 ℓの水に35 gの塩を入れる）を用意します．そこに，完全に防水できる透明な袋（ジップロックなど）にAMやFMラジオ，携帯電話や電波時計など，異なる周波数の受信デバイスをバケツに沈め，電波が受信できるかどうか確かめてみてください．ただし，くれぐれも防水を完全にして浸水させないようにしてください．

海中ではほとんど電波が届かないので，当然カーナビなどで簡単に位置を測れるGPSも使えないということです．GPSは，正確な時計を持った3機以上の人工衛星からの電波を地上で受信し，それぞれの到達時間から距離を測って三角測量の原理で位置

どで下地の金属が露出すると，そこから腐食してしまいます．そこで，金属の腐食の進行を少しでも抑制するため，海中探査機の多くは犠牲陽極と呼ばれる金属を取り付けています(**写真2-5**)．これは，電気化学的にイオン化傾向の大きい金属を犠牲陽極として取り付けることで，この金属が先に腐食する原理(ガルバニック作用)を利用した方法です．防蝕亜鉛とも呼ばれることがあり，その名のとおり亜鉛が用いられます．亜鉛は海中でイオン化を起こして溶け出し，アルミ合金がイオン化するのを防ぎます．

意外な材料としては，アクリルやガラス(板ガラスと同じ材料)が使われます(**コラム2**参照)．しんかい6500のビュー・ポート(覗き窓)には，厚さ13.8 cmの円錐状のメタクリル樹脂が使用されています．また，球体状のものは高い圧力でも耐えられるため，ガラス球を使った深海調査機器や，アクリル球を使った有人潜水艇なども開発されています．

2-4　油を満たした容器で電子部品を守る

● 絶縁油入りのフニャフニャ容器の中に電子部品をポイッ！

高い圧力に耐えることができる電子部品の場合は，このような高価な容器を使わなくてもよい場合があります．**図2-4**のような均圧構造という方法で，非耐圧構造の容器内に電気を通さない油(絶縁油)などの液体で満たし，その中に電子機器を入れれば，深海でも使うことができます．これは，液体の場合は空気と違って高い圧力がかかってもほとんど潰れないという性質を利用しています．例えば，豆腐やコンニャクなど水

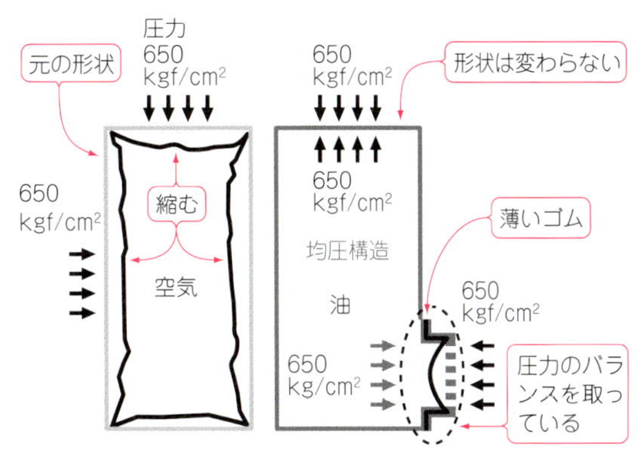

図2-4　油を満たした柔らかい容器は外側と内側の圧力のバランスをうまく取ってくれる

分が多く含まれているものは，深海に行ってもほとんど形が崩れません．このように，深海で使用する機器は，様々な方法で圧力に耐える構造にしているのです．

バッテリは，電極が海水に触れるとショートして危険を伴うため，本来であれば耐圧容器内に収めることが望まれます．しかし，小型化・軽量化が求められる水中探査機にとっては，バッテリを収められるような大型の耐圧容器は致命的とも言えます．そこで，しんかい6500に搭載するリチウム・イオン電池は，深海の環境にも耐えるように作られています．これを絶縁油で満たした容器内に収納して使用しています．さらに，水圧による油量の変化にも対応するため，容器の一部を耐油性のゴム膜(ブラダ)にすることで，外部との圧力差を一定に保っています．

油を満たした均圧式の容器でも外部から高い水圧が

を出します．海中では，**図7-3**に示すように人工衛星の代わりに音波を発射する音響ピンガを海底に設置します．音響ピンガは，海中に投入する前に船上の正確な時計と時刻を照合しておき，一定間隔(10秒〜60秒)で100分の1秒くらいの音波パルス(耳で聞こえる)を発信します．

実は，海中を音波が伝わる速度は1秒間に1.5 kmくらいで，空中の音波(0.34 km/秒)に比べれば速いとはいうものの，電波の30万kmに比べるとその速度はわずか20万分の1ととてつもなく遅いのです．ですから，海中の位置出しや通信は，かなりのんびりした作業になります．潜水船「しんかい6500」と音声通信するには,音波を使ったトランシーバ(水中通話器)を使います．しかし，水深6 kmまで潜った潜水船に呼びかけをしても返事が返って来るには，速くても8秒後になります．もちろん，潜水船の位置も数10秒から1分ごとにしか測ることができません．

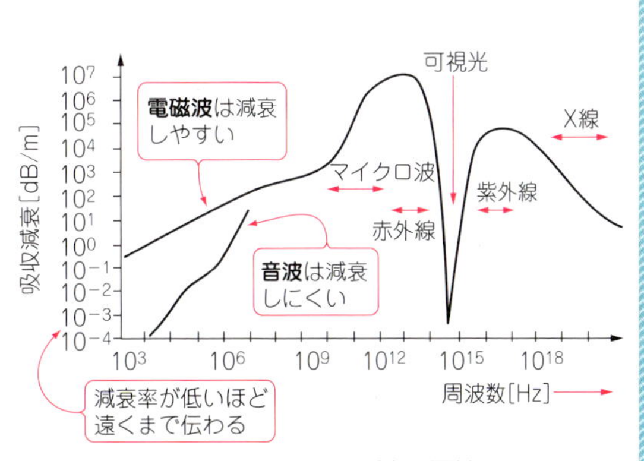

図1-A　電波と音波の吸収減衰と周波数の関係
(出典：海洋音響学会，海洋音響の基礎と応用，2014，成山堂書店)

コラム2　ガラス球を使った深海調査機器

図2-Aは，密閉されたガラス球内部に，4Kカメラとバッテリ，カメラを起動・録画するためのタイマ基板が入った深海調査用機器の構造です．ROV本体に付けてあるカメラと違い，本カメラは船上から録画開始/停止の指示を出したり，映像をリアルタイムに確認することはできません．撮影した映像は，カメラ内部のメモリに記録します．

4K映像はデータ・サイズが大きいため，64 Gバイトのメモリ・カードに記録できるのはせいぜい2時間です．大深度用ROVでは，水深11000 mに到達するまで2時間以上かかるため，海底に着底する少し前にカメラが起動するように，タイマをセットします．水深11000 mでは，ガラス球には100 MPa以上の水圧がかかるため，強度を考慮して通信用のコネクタはありません．タイマをセットするには，パソコンからWi-Fiを使って制御基板と通信します．

なお，このカメラ・システムは試作機のため，タイマやシャッタ制御にはPICマイコンを使っています．制御系をシンプルにしているので，船の上での急なプログラム変更にも対応できます．

スタンドアローン型であることから，探査機によって異なる通信方式やコネクタ形状を考慮する必要がなく，ROVだけでなく自立型無人探査機(Autonomous Underwater Vehicle：AUV)や海底ステーションにも取り付けることが可能です．これまで以上に海底の様子を映し出す機会が増えると期待できます(**写真2-18**参照)．

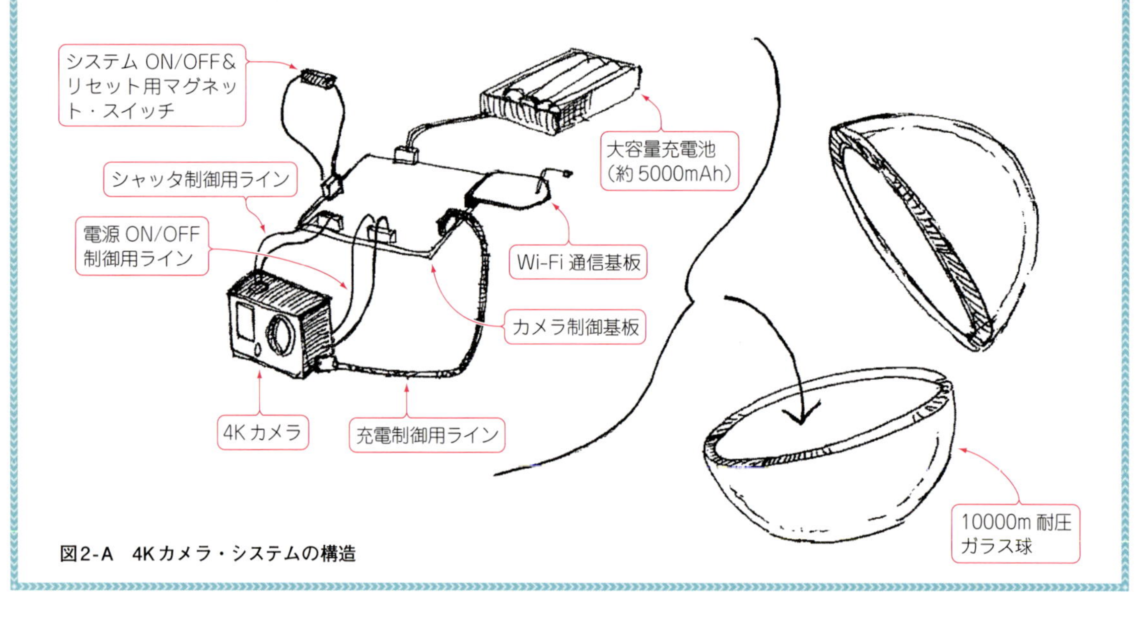

図2-A　4Kカメラ・システムの構造

かかると，水が入って内部がショートしてしまいます．水の浸入を防ぐには，容器のふたを溶接や接着で密閉してしまうのが簡単です．しかし，これでは整備が難しくなってしまい，定期点検や修理の際に苦労します．そのため，水中で使う容器の多くは，水の浸入を防ぐ構造になっています．

● Oリングで密閉する

写真2-6は，深海探査機の耐圧容器に使われているOリングと呼ばれるゴム製の部品です．Oリングには様々な規格があり，使用する目的によってJISなどで大きさや太さが定められています．ほとんどのOリングは，**写真2-7**のようにOリング溝に嵌(は)めて使用します．この溝の深さや幅も規格で決まっています．Oリングは，水圧がかかると変形して各面に密着して水の浸入を防ぎます．そのため，Oリングが当たる面には，キズが付いたりゴミが混入したりしないように細心の注意が必要です．

耐圧容器に用いられるOリングの取り付けには，**図2-5**に示したように平面式シールと円筒式シールの2種類があります．ビューポートなどの円錐型のアクリルやガラスをシールする際には，円錐式シールを用いることもありますが，構造が複雑であるため電子機器などを格納する耐圧容器には使用しません．多くの場合，加工が容易な平面式シールを採用しますが，**図2-5**を見ても分かるとおり，円筒式シールに比べて耐

写真2-6　Oリングの外観

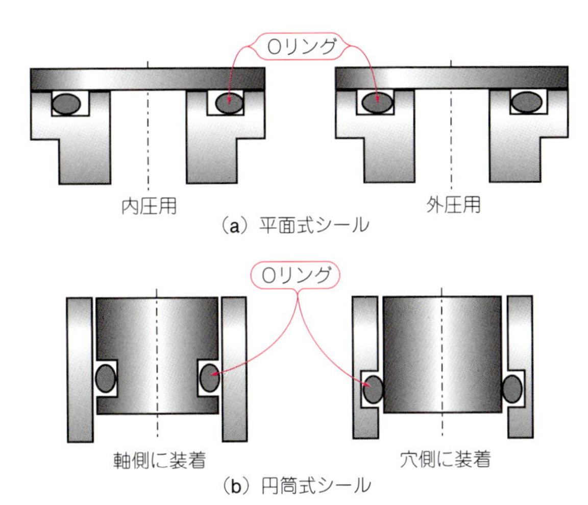

図2-5　Oリングの取り付け方(出典：技術計算製作所のWebサイト，https://gijyutsu-keisan.com/)

写真2-7　深海探査機の耐圧容器に使われているOリング

圧容器そのものが肉厚になってしまい，機体の重量増加につながります．そのため，容器の両端部だけを肉厚にする方法もありますが，切削加工の手間と材料の無駄が生じてしまいます．

2-5　耐圧容器の分散と機器同士の通信

高い圧力下で活動する水中探査機の電子機器は，水圧から守るため耐圧容器と呼ばれる大きな金属容器の中に収められています．耐圧容器には，探査機の制御コンピュータや慣性航法装置など多くの機器が収められています．しかし，詰め込む機器が多くなればなるほど，耐圧容器も大きく，重くなってしまいます．そのため，機器の役割ごとにいくつかの耐圧容器に分散して収めています．その中でも，探査機の制御など中枢的な役割を担う機器を入れた容器を主耐圧容器などと呼んでいます．また，映像を撮影するカメラやマニピュレータを制御する基板なども水に触れると壊れてしまうため，小型の耐圧容器に納められています．これらを，主耐圧容器に対して，カメラ容器やペイロード容器などと呼んでいます．

カメラやマニピュレータを動かすためには，制御基板に信号を送る必要があります．そのため，各容器は主耐圧容器とケーブルで接続されています．このケーブルは，一般的に使われるものとは異なり，大深度の高い水圧にも耐えることができる水中ケーブルや水中コネクタと呼ばれる特殊なものが使われています．

写真2-8は，水中ケーブルの一例です．モールド・

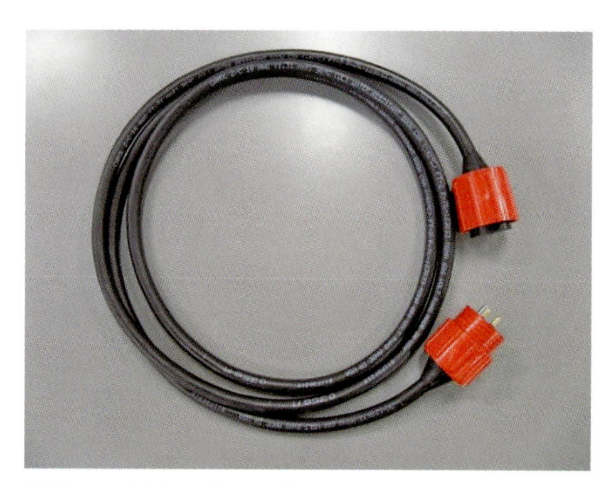

写真2-8　水中ケーブルの一例

写真2-9　均圧型光コネクタ(2芯タイプ)

写真2-10　均圧型電気コネクタ(45芯タイプ)

写真2-11　透明チューブの内部に電線を通し絶縁油で満たした均圧チューブ

ケーブルと呼ばれ，特殊なラバーや樹脂の中に電線や光ファイバが通っています．Cat.5e相当のEthernetを通すことができるコネクタもあります．写真の赤い部分はロッキング・スリーブといい，コネクタ同士の固定や抜けを防止するものです．これらはメーカの仕様によって使える深度が決まっており，水深10000 mでも使用可能なタイプも市販されています．

● 機器同士の通信には特殊コネクタを使う！

これらの特殊なケーブルでも深海の高い水圧に負けてしまうことがあります．水深10000 mにおいて，1 cm^2当たりにかかる水圧は1トンを超えます．これにより，樹脂やラバー製のコネクタは収縮し，内部が断線することがあります．金属製のコネクタでも，多少の収縮をしてしまいます．このような水圧によるコネクタ同士の接続面のわずかなズレでも，接触不良を起こすことがあります．特に，接合面の一致精度が求められる光通信では，光ファイバの軸ズレや角度ズレが起こると，通信速度が遅くなったり通信自体ができなくなったりします．そのため，水中ケーブルやコネクタは高い加工精度で製作されています．

また，耐圧容器に数多くのコネクタを取り付けて信号線を取り出すことは，容器の耐圧性能が低下することにつながります．そのため，耐圧容器との通信を行う際には，**写真2-9**，**写真2-10**に示すような特殊な耐圧コネクタを使います．**写真2-9**は光通信用のコネクタで，**写真2-10**は電気通信用のコネクタです．見た目は無線通信などに使うM型コネクタのような金属コネクタですが，水深10000 mの水圧でも光接合面やコンタクト・ピンがズレない特殊な設計になっています．

さらに，電気通信用のコネクタは，耐圧容器に開けた1カ所の穴から，できるだけ多くの信号や電力を取り出せるように，多くのコンタクト・ピンが設けられています．**写真2-10**では，1つのコネクタの中に45本のコンタクト・ピンが設けられています．

大深度では，水圧によりケーブルが金属棒のように

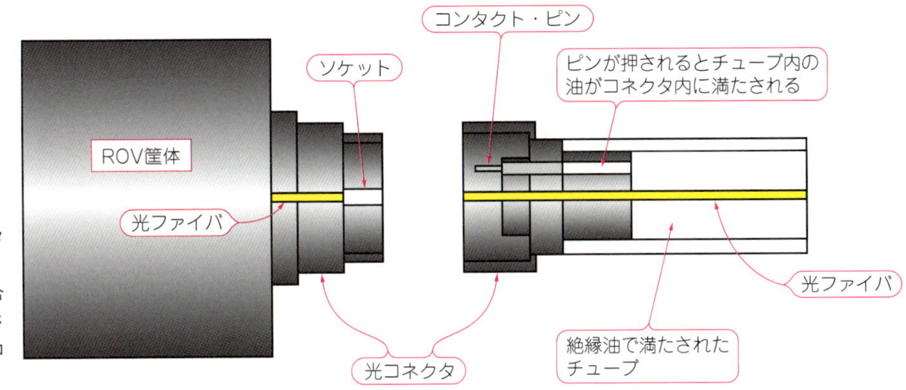

図2-6　均圧型光コネクタの構造
コネクタを嵌合させると嵌合面でコンタクト・ピンが押され，チューブ内の絶縁油がコネクタ内に満たされる

固くなってしまい，最悪の場合，内部で断線することもあります．これでは機器が故障して，探査機がブラック・アウトを起こしてしまう原因になりかねません．そのため，高い圧力からケーブルを守るため，**写真2-11**のように電線を油で満たしたチューブの中に通した均圧ケーブルを使用します．すなわち，非圧縮流体である油の特性を生かし，内部の電線を保護します．この油には電気を通さない絶縁油が使われています．

● 光ファイバを使ったアンビリカル・ケーブル

光ファイバを使った通信では，光ファイバの接合面を一致させることが重要です．接合面がズレていたり汚れていたりすると，通信にロスが発生し，最悪の場合，探査機が正常に動かないことがあります．陸上の光通信機器で用いる光ファイバには，フェルールと呼ばれるソケットが付いているため，コネクタに挿すだけでファイバの接合面が正確に一致するように設計されています．しかし，高い圧力がかかる深海では，圧力によってコネクタが変形して接合面がズレることがあります．そのため，深海探査機で光ファイバを使う際には専用の耐圧コネクタを使う必要があります．浅海用の光コネクタには樹脂製のものもありますが，深海用は内部が油で満たされた均圧式でチタン製の光コネクタを用います(**写真2-9**，**図2-6**)．さらに，電源用コネクタとは別に光コネクタ用の取り付け穴を用意しなければならないため，ROVの筐体も大型化してしまいます．深海用の光コネクタは特注品が多く，1個数十万円～数百万円します．

● Ethernetを用いたアンビリカル・ケーブル

近年では，通信にEthernetを用いる場合が多くなっています．光ファイバは，曲げ半径やコネクタの取り扱いが困難であることから，アンビリカル・ケーブルに光ファイバではなくEthernetが用いられているものもあります．**写真2-12**は，Ethernetの他に電源や信号線が複合されているPower Etherコネクタと呼ばれる市販の耐圧コネクタです．筐体に開けた1カ所の穴から複数の信号線を取り出せるため，コネクタの数を少なくすることができます．

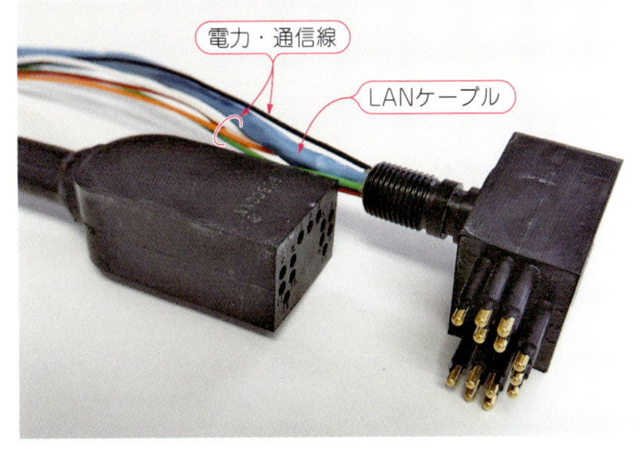

写真2-12　市販されている複合コネクタの例
Ethernetの他に，電源や信号線が複合されている(提供：マリメックス・ジャパン)

光ファイバを使ったアンビリカル・ケーブルは，軽くて電気ノイズに強いという特性を持っています．しかし，狭い船の甲板上では，船が揺れた際に誤ってケーブルを踏んでしまうことが少なくありません．そのときに，内部の光ファイバを破損してしまう恐れがあります．さらに，光ファイバには最小曲げ半径が決められているため，ROVが潮流などで想定外の動きをした際にケーブルが捻(ね)じれてしまい，光ファイバにダメージを与えることもあります．これに対しEthernetを用いたケーブルは，光ファイバ・ケーブルに比べて扱いが簡単というメリットがあります．

写真2-13は，Ethernet方式の小型ROVに用いるケーブルの断面写真です．中心部にツイストペアになったEthernetケーブルが通っており，その周囲に電源線や信号線が配置されています．信号線は，電源ノイズの影響が懸念されるため電源線と隣接しないように介在物で仕切られており，Ethernetケーブルもシ

写真2-13　小型ROVに用いるアンビリカル・ケーブルの断面
中心部にツイストペアのEthernetケーブルが通っており，その外周に信号線や電源線が配置されている

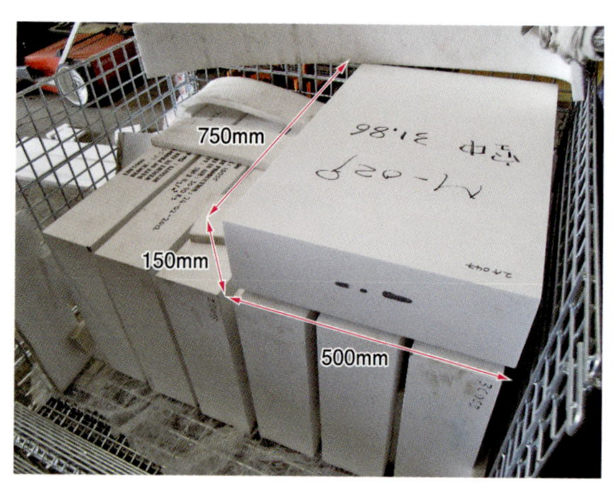

写真2-14　水深7000 mの圧力に耐える浮力材

ールドが施されているため電気的ノイズを受けにくい構造になっています．さらに，全てのケーブルを包むようにアラミド抗張力体(黄色の繊維状のもの)が巻き付けてあり，500 kg以上の力で引っ張っても破断しません．緑色のシースはケーブルを保護するだけでなく，水中で中性浮力に保つ役割もします．

2-6　探査機に不可欠な浮力材

● 浮力材は水中では力持ち！

深海探査機は，高い圧力に耐えるためフレームや容器が金属で作られており，大きいものになると数十トンにもなります．例えば，しんかい6500の重量は，地上では26.7トンです．通常，金属などの重量物は水の中で手を離すと，そのまま自由落下で沈んでいきます．しかし，水中探査機が沈んでしまっては調査ができないので，ほとんどの探査機は水中に入れると浮くように設計されています．

数10トンもの探査機を浮かせるには，様々な方法があります．一番イメージしやすいのは，空のペットボトルをお風呂に沈めると浮いてくるのと同様に，空気を利用して浮力を調整する方法です．2-1節で解説したように，しんかい6500はバラスト・タンクと呼ばれるタンク内に海水を注排水することで浮力を調整しています．しかし，これだけではとても十分な浮力を得ることはできません．そこで，探査機の浮力を得るために用いられるのが浮力材です．これは，マイクロ・バルーンと呼ばれる，数マイクロメートルの中空のガラス球を，エポキシ樹脂で固めたものです．

浮力材は探査機の使用深度によって比重が異なり，純水の比重が1であるのに対して，比重が0.3～0.65など様々な種類のものが作られています．この比重は，浮力材にかかる水圧によって決まります．水圧の小さな浅い水中で使用するものに比べて，高い水圧のかかる深海で使用するものは，高強度であることが求められるため比重も大きくなります．このことから，大深度で作業をする探査機では，搭載する浮力材の量も多くなってしまい，機体の大型化・重量化につながってしまいます．そのため，低比重かつ高強度な浮力材の開発が求められています．

探査機の浮力は，体積を使って計算するのが一般的です．例えば，**写真2-14**の浮力材は水中では約25 kgの物を浮かせることができる浮力を持っています．しかし，チタン合金やアルミ合金を多用して作られている探査機は，大型のものになると水中で1トン以上の重さになります．これで中性浮力に保つには，**写真2-14**の浮力材が約40個が必要になります．さらに，深海での調査中にトラブルが発生してスラスタが停止するなどの緊急事態が発生した場合には，探査機は自力で海面に浮いてくる必要があります．そのため，海面に浮上するための余剰浮力分も搭載する必要があります．

2-7　探査機の重心と浮心

● 水中でもバランスが大事！

水中を航走する探査機は陸上を移動するロボットと違い，**図2-7**に示すように航空機と同じような3次元的な動作をします．運動力学では，**表2-1**に示す直線運動と回転運動の3軸6自由度の運動をします．そのため，水中を自由に航行できる探査機を作るには，探査機の水中でのバランスを考慮して開発する必要があります．通常，水中探査機はカウンタ・ウェイトなどで重心位置の調整を行っているため，重心のズレはほぼないと言えます．重心のズレがあると機体は真っ直ぐ進むことができず，思う方向に進みません．

重心と浮心も重要なポイントです(**図2-8**)．重心は，機体の各部に作用する重力の合力との作用点で，浮心

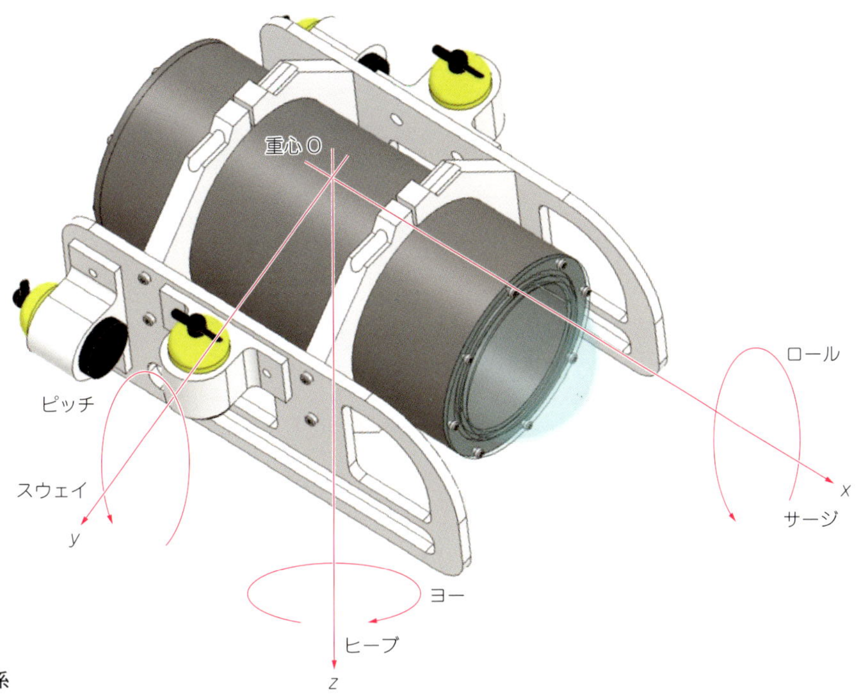

図2-7　水中探査機の機体座標系

表2-1　機体固定座標系での運動

軸	直線方向	回転方向
X軸	サージ	ロール
Y軸	スウェイ	ピッチ
Z軸	ヒーブ	ヨー

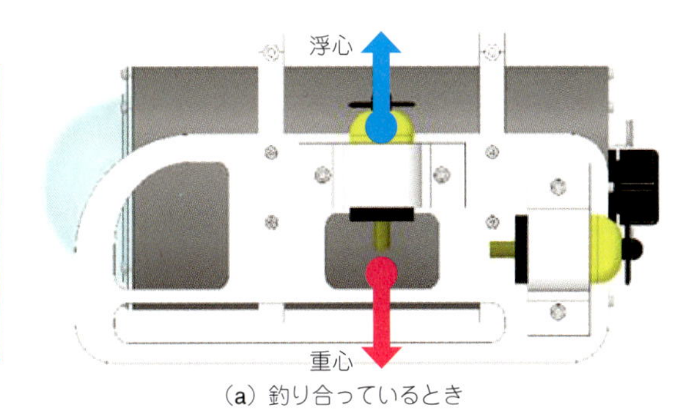

(a) 釣り合っているとき

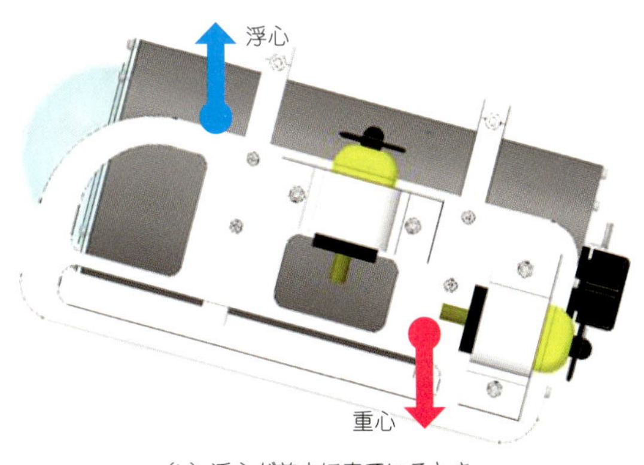

(b) 浮心が前方に来ているとき

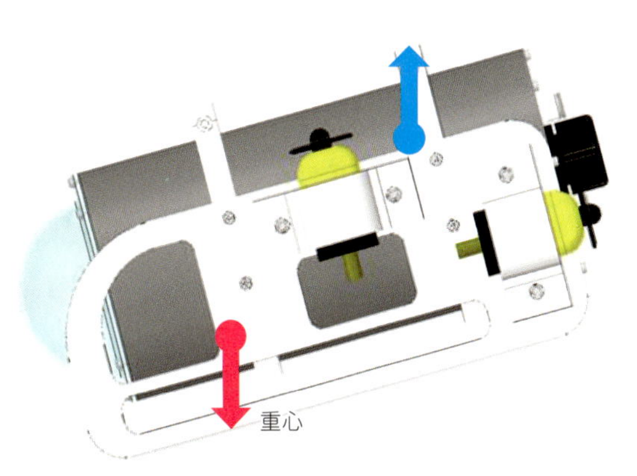

(c) 浮心が後方に来ているとき

図2-8　機体に作用する重心と浮心

は水中に没した機体に働く浮力の作用点を指します．つまり，水中で中性浮力となる探査機は，重心と浮心が釣り合った状態といえます．そのため，探査機を設計する際にはなるべく重い耐圧容器などを機体の下側に配置し，浮力材を機体の上部に配置します．重心と浮心は離れれば離れるほど機体の姿勢を安定的に保つことができます．そのため，浮力を下側に配置すると，機体はひっくり返ってしまいます．

重心・浮心を移動させてバランスを取る

一方，重心・浮心をあえて移動させることで，機体の姿勢を制御する方法もあります．**図2-8**のように，重心と浮心を前後方向に移動させることで，機体の姿勢を変更することができます．例えば，海底をカメラで観察したい場合や機体上方の様子を観察したい場合などに使用します．機体の重心を変えるには，内部に搭載したおもりを前後に移動させる方法やスラスタの推力を使って重心を変える方法などがあります．

設計段階では，おおむね中性浮力かつ水平姿勢となるように，搭載する機器の配置などを検討しますが，組み上がった探査機を水中に浮かべてみると微妙な誤差が姿勢の傾きとして現れてきます．一見すると微妙な傾きでも，探査機のカメラ映像では大きく傾いて見える場合があります．そのため，この微妙な誤差を修正するため，カウンタ・ウェイトと呼ばれるおもりを，傾きを補正する位置に搭載して，水中での探査機の姿勢を調整します．この浮力や姿勢の調整・試験を重査試験と言います．

2-8 調査の目的に合わせて探査機の装備を変えるペイロード

水中探査機には，カメラやマニピュレータ，水温・塩分計，溶存酸素計といった，一般的な観測に最低限必要な装置を搭載しています．しかし，近年の多様化するミッションにも対応するため，深海生物や海底の泥などの採取も可能な装置を搭載することができる設計になっています．

これらの装置はペイロードと呼ばれ，探査機に取り付けるオプション機器のような存在です．ペイロードには様々なものがあります．一例を以下に記載します．

- 生物を採取する吸引装置（スラープ・ガン，**写真2-15**）
- 目的の深度の海水を採取するニスキン採水器（**写真2-16**）
- 海底から堆積物を採取する採泥器（グラビティ・コアラ，**写真2-17**）
- 海底鉱物資源を掘削するための掘削ドリル
- 地震調査用の海底ケーブル敷設装置
- 4K映像を撮影できるカメラ・システム（**写真2-18**）

探査機を使う研究者は，オリジナルのペイロードを開発したり市販品を改造して，探査機に取り付けて制御できるようにしたりしています．

スラープ・ガン

写真2-15のスラープ・ガンは，水流ポンプを使って海水ごと生物を吸入するシンプルな仕組みで，採取された生物は機体内のサンプル・ボックスに入れられます．大型のスラープ・ガンを搭載できる探査機では，リボルバ（回転式拳銃）のようにサンプル・ボックスを回転させて，採取した生物が混同しないようにできるものもあります．

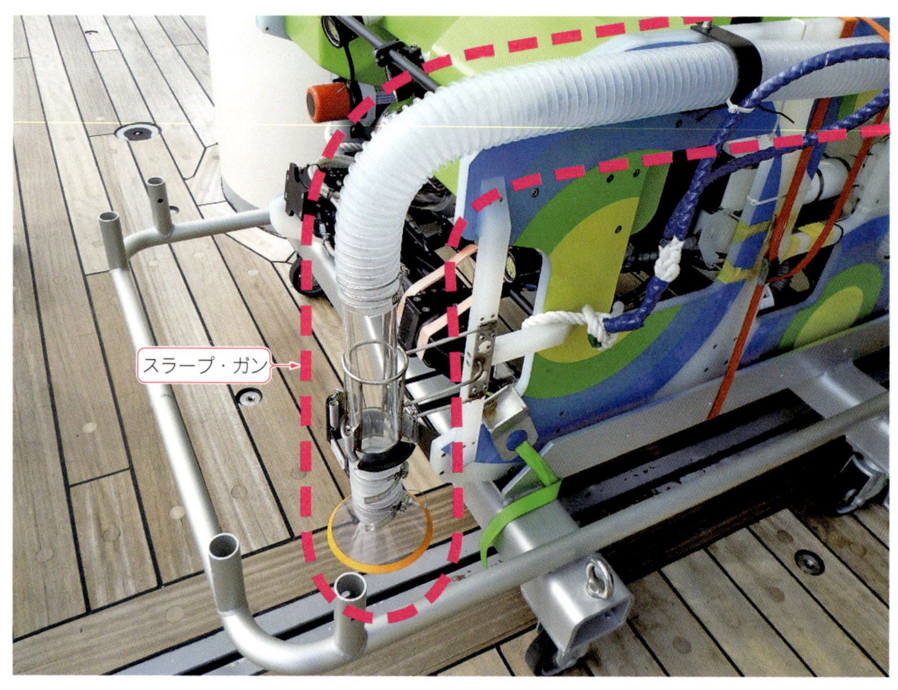

写真2-15　中型ROVに装備されているスラープ・ガン

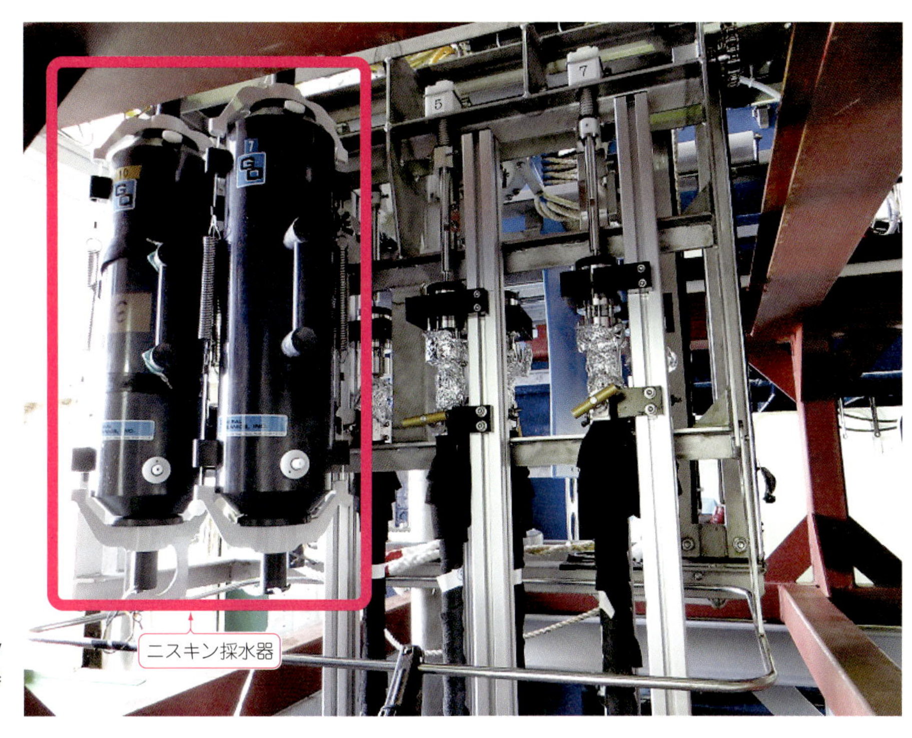

写真2-16　大深度用ROVに取り付けられた採水器の例

● 採水器

写真2-16の採水器は，研究者が採水したい深度において，母船上から操作コマンドを送信することで，採水器のふたが閉じる構造になっています．

● グラビティ・コアラ

写真2-17のグラビティ・コアラ(重力式柱状採泥器)は，深海探査機のランチャ(親機)に取り付けて使用します．このグラビティ・コアラは，ランチャが海底から高度約100 mに到達すると，母船から切り離して信号を送信します．金属製の中空パイプに約100 kgのおもりを付けているため，切り離すと同時に勢いよく落下して海底に突き刺さり，海底の地層をそのまま柱状で採取します．グラビティ・コアラの上部にはロープが取り付けられており，採泥が終わるとランチャ内のウィンチでロープを巻き取って回収します．

観測船などでも同様の海底採泥装置を用いることがありますが，海の上から水深11000 mの海底堆積物をピンポイントで採取するのは極めて困難です．そのため，大深度まで潜航可能なROVに取り付けることで，研究者が海底の状況をカメラで確認しながら堆積物を採取することができます．

● スタンドアローン型のペイロード

写真2-18に示すようなスタンドアローン型のペイロードもあります．これは，密閉されたガラス球の内部に4Kカメラとバッテリ，カメラを起動・録画するためのタイマ制御基板が入っています．ROV本体に搭載されているカメラと違い，このカメラは船上から録画の開始/停止の指令を出したり，船上でリアルタイムに映像を確認したりすることができません．撮影した映像は，カメラ内部の不揮発性メモリに記録します．4K映像はデータ・サイズが大きいため，64Gバイトのメモリ・カードに記録できるのはせいぜい3時間程度です．

大深度用ROVでは，水深11000 mに到達するまで2時間以上かかるため，海底に着底する少し前にカメラが起動するようにタイマをセットします．ガラス球には通信用のコネクタはなく，タイマ・セットはパソコンからWi-Fiを使って制御基板と通信を行います．このカメラ・システムは試作機のため，タイマやシャッタ制御にはPICマイコンを使っています．制御系をシンプルにすることで，船の上での急なプログラム変更にも対応できます．

スタンドアローン型であることから，探査機によって異なる通信方式やコネクタ形状を考慮する必要がないので，ROVだけでなくAUVや海底ステーションなどにも取り付けることができます．これまで以上に，海底の様子を映し出す機会が増えると期待されます．このマルチ4Kカメラ・システム試作機を取り付けた大深度用ROVが，2014年1月に世界で初めてマリアナ海溝での4K映像の撮影に成功しました．

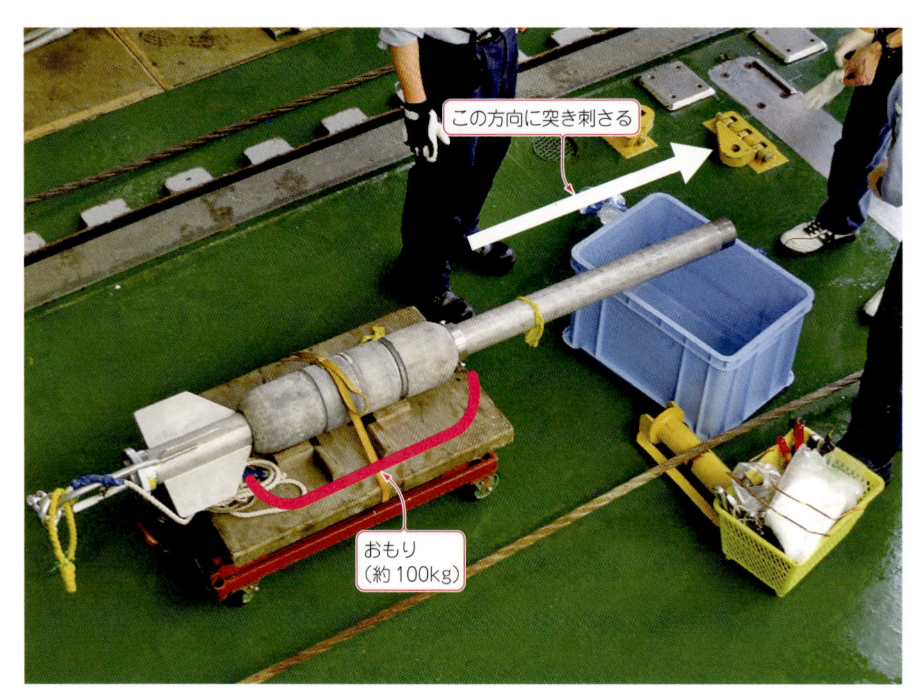

写真2-17　グラビティ・コアラ
モリのように海底に突き刺して堆積物を採取する装置

写真2-18　深海探査機に取り付けられたマルチ4Kカメラ・システム
世界で初めてマリアナ海溝での4K映像の撮影に成功

2-9　ペイロードを開発する際の制約

ペイロードは，探査機の搭載可能重量や通信方式，準備されている電源や油圧装置の圧力，コネクタ形状など，様々な情報を考慮して開発する必要があります．

(1) 制約1…取り付ける大きさ

深海探査機は，製造メーカによってコネクタ形状や通信方式なども様々です．さらに，搭載可能なペイロードの大きさも探査機によって異なります．例えば，しんかい6500には2つのサンプル・バスケットが付いていますが，左舷側の方がやや小さくなっています．利便性の高いペイロードにするには，ここへ搭載できる寸法にする必要があります．

(2) 制約2…通信方式

操縦装置とケーブルで結ばれているROVでは，船上(または陸上)の操縦装置からの通信信号は光ファイバを通して探査機本体に送られるため，ペイロードを動かす信号は，いったん光信号に変換しなければなりません．そのため，ペイロードを設計する際には，船上装置側の制御装置と各ROVの通信方式を考慮する必要があります．また，ROVを設計する際にも，研究者の様々なニーズに応えるため，あらかじめ汎用性の高いUSBやEthernetなどの接続方式を多く用意するなどの工夫をしています．

(3) 制約3…マニピュレータの可動範囲に合わせる

探査機によっては，マニピュレータの可動範囲が限られているものがあります．これは，パイロットが誤って操作した際に，意図しない方向にマニピュレータが動いて，カメラや観測機器に当たって壊すのを防ぐためです．そのため，マニピュレータでの操作が必要なペイロードでは，マニピュレータの可動範囲と操作性を考慮して，形状などを設計する必要があります．

例えば，海水を吸入する装置の場合，バルブ開放ハンドルをマニピュレータで操作する必要があります．しかし，小さなハンドルをつかむのはとても難しいため，バルブのハンドルに浮力材を付けてマニピュレータでつかみやすくしています．簡単なことのように見えますが，ペイロードの設計では探査機を運用する側に立って操作性を考えることが求められます．

しかし，これらを考慮して探査機に搭載可能なものを開発しても，いざ深海に持っていくと空気中とは異なる動きをすることが多いため，大深度における水圧下での機器の動作を熟知しておく必要があります．そのため，ペイロードの開発では深海探査機の開発者や運航経験者が助言するなどして進められます．これにより，深海で探査できる限られた時間を有効に使えるようになります．

2-10　潜水艦を救助する有人潜水艇

これまで見てきたように，世界の有人潜水船の歴史は古く，戦前から研究が行われてきました．第2次世界大戦後，海上自衛隊では潜水艦で万が一の事態が発生した場合に救助するための潜水艦救難艦の整備が行われました．昭和30年代には，潜水艦救難艦ちはや(初代)を建造し，潜水艦が沈没した際に乗組員を救助するためのレスキュ・チャンバが搭載されました．その後，何隻かの潜水艦救難艦の建造を通して得たノウ・ハウを元に，スクリュやマニピュレータを装備した深海救難艇(Deep Submergence Rescure Vehicle：DSRV)が開発されました．

現在運行されているDSRVは，潜水艦救難艦ちよだとちはや(2代目，**写真2-19**)に搭載されている2艇で，排水量40トン，全長約12.4メートルです．しんかい6500に比べるとかなり大型の潜水艇です．DSRVは2名の乗員で操縦し，沈没した潜水艦にメイティング(潜水艦のハッチ同士を接合すること)して乗員を救助し

写真2-19　潜水艦救難艦 2代目「ちはや」

ます．救助できる人員は12名です．

DSRVの外観を**写真2-20**に，模式図を**図2-9**に示します．母艦の中心部にはセンタ・ウェルと呼ばれる，長さ約18メートル，幅約5.5メートルの開口部が設けられています．センタ・ウェルは上甲板から船底まで貫通しており，ここからDSRVの着水・揚収を行います．その際，母艦はDPS(Dynamic Positioning System)と呼ばれる航法により，船を一定の位置に保持します．

DSRVは海底付近に到着すると，潜水艦の脱出用ハッチと密着(メイティング)して救出作業を行います．

写真2-20　海上自衛隊の潜水艦救難艦ちはやに搭載されている深海救難艇DSRV

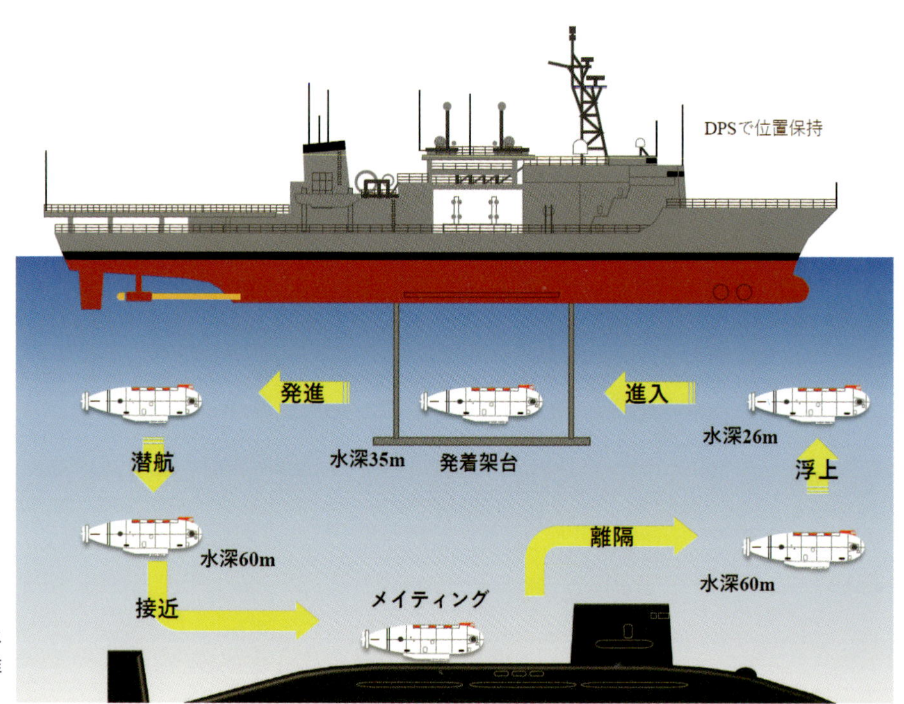

図2-9　海上自衛隊の潜水艦救難艦による潜水艦救難オペレーション

日本の潜水艦には，脱出用ハッチが設けられており，そこから乗員を救出します．メイティング部分は水が入らない構造になっているため，潜水艦の乗員を深海の高い水圧にさらすことなく救助できます．また，救助は12名ずつ行われるため，全員が救出されるまでには時間がかかります．そのため，沈没した潜水艦内が酸素不足になるのを防ぐため，救難艦にはホースを使って潜水艦に酸素を送る設備があります．また，DSRVのサポート役としてROVも搭載されています(**写真2-21**)．2本のマニピュレータを搭載しており，潜水艦の脱出用ハッチ付近の異物や障害物などを取り除くことができます．

通常，大深度を航行する潜水艦内の気圧は，生活しやすいように調整されています．しかし，事故を起こした潜水艦では，何らかの故障が起こっている可能性があり，艦内の気圧が保たれているかどうかは救難艦からは分かりません．潜水艦内の乗員は高い圧力にさらされている可能性もあります．そのため，救助した乗員を我々の暮らす大気圧下にそのまま戻すと，減圧症になることがあります．

減圧症を防ぐには，高圧環境から徐々に大気圧にまで減圧していき，体を慣らす必要があります．そのため，日本の潜水艦救難艦には減圧が可能な設備，艦上減圧室(Deck Decompression Chamber：DDC)が搭載されています．DSRVにより救助された乗員は高い圧力を保ったまま，洋上の救難艦まで移送されます．そして，圧力を一定に保った部屋を通って船上減圧室に移動します．このとき，一瞬でも大気圧下に出てしまうと減圧症が起こり，最悪の場合，死に至ります．**写真2-22**，**写真2-23**は陸上の施設内に設置されていた加圧・減圧チャンバです．この中に人が入り，減圧(または加圧)します．潜水艦救難艦にはこれと同様の設備が搭載されています．

写真2-21　海上自衛隊の潜水艦救難艦に搭載されているROV
普段は左舷の格納庫内に納められている．Aフレーム・クレーンで吊り上げて，船の左舷側から着水・揚収を行う(ちはやの場合)

写真2-22　陸上の施設内に設置された加圧・減圧チャンバ

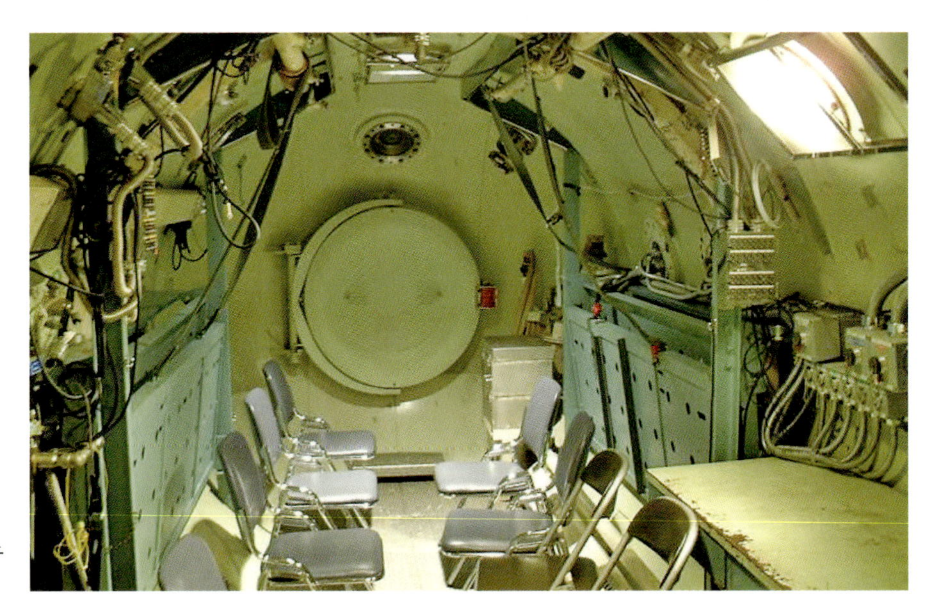

写真2-23　加圧・減圧チャンバの内部

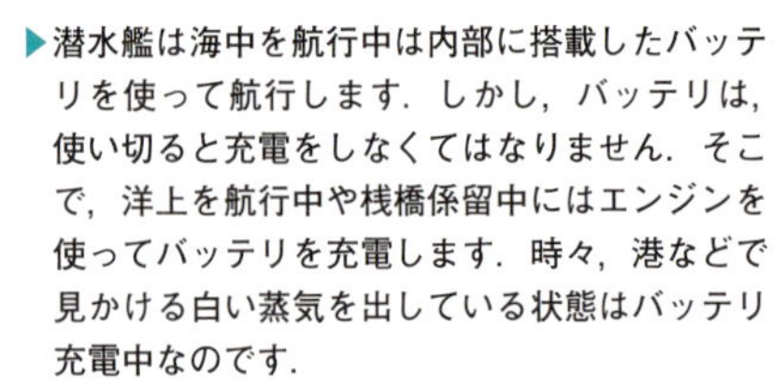

▶潜水艦は海中を航行中は内部に搭載したバッテリを使って航行します．しかし，バッテリは，使い切ると充電をしなくてはなりません．そこで，洋上を航行中や桟橋係留中にはエンジンを使ってバッテリを充電します．時々，港などで見かける白い蒸気を出している状態はバッテリ充電中なのです．

第3章

遠隔操縦型無人探査機のエレクトロニクス

3-1　深海や危険な場所で活躍する遠隔操縦型無人探査機

前章で述べたように，海中ロボットは大きく分けて3種類あります．

(1)　人が乗り込んで操縦する有人潜水艇
(Human Occupied Vehicle：HOV)

(2)　船上からケーブルでつながれたロボットをリモコンで操縦する遠隔操縦型無人探査機
(Remotely Operated Vehicle：ROV)

(3)　ロボット自身が障害物などを避けながら海中を航行して調査を行う自律型無人探査機
(Autonomous Underwater Vehicle：AUV)

この中でも(2)のROVは，人間が行くことができない大深度や危険な場所でも，操縦者や研究者がリアルタイムで海底の様子を観察しながら様々な作業を行うことができます．世界中で数百台が活躍しており，最近では海底の観察や簡単なサンプル採取のような作業だけではなく，大出力の動力源を備えていて海底資源開発のような重作業ができるROVも増えてきています．

ROVは，ケーブル長や耐圧構造の問題をクリアすれば限界深度はありません．地球の最深部はマリアナ海溝チャレンジャ海淵の10911.4 mとされ，この海域にROVで潜航することも可能です．JAMSTECが所有する「かいこう」は，長さ12000 m以上のケーブルで母船とつながれています(**図3-1**)．「かいこう」は，ランチャと呼ばれる親機とビークルと呼ばれる子機が，結合・分離して動作するランチャ・ビークル方式という，ちょっと変わった方式のROVです．ランチャは特殊な長いケーブル(1次ケーブル，長さ約12000 m)により，支援母船「かいれい」と結ばれています．この長いケーブルは，船内に設置されたウィンチという

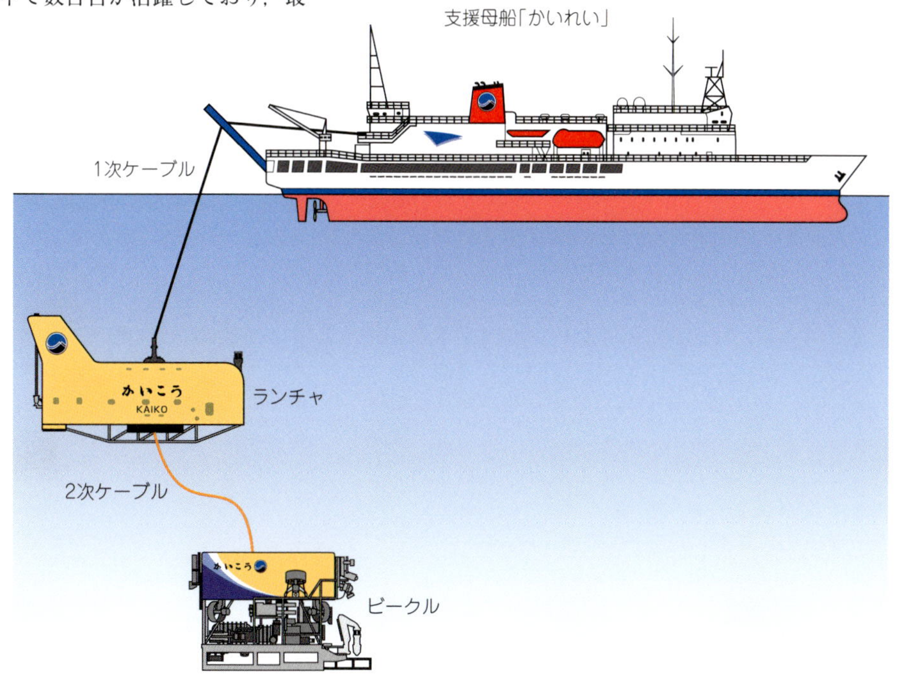

図3-1　ランチャ・ビークル方式ROVの運用方法

写真3-1　ランチャ・ビークル方式ROVの一例(ドッキング状態のかいこう)

巨大な巻き取り機に巻き取られており，船が揺れてもケーブルを自動的に出し入れして，海中のROVが動かないようなしくみになっています．

ランチャとビークルは，2次ケーブルという長さ約230 mの短いケーブルでつながっています．ランチャとビークルが海中に入るときは，ドッキングしたまま船上から吊るされて，海底まで潜航していきます(**写真3-1**)．そして，海底近くになると分離して，ビークルは自由に動き回ることができます．

3-2　ROVに使われるケーブルの種類と役割り

● ケーブルが電力と信号を送るROVの命綱

ROVは大きく分けると3つのパートに分割することができます．まずは水中に潜って映像を撮影したりサンプリングをしたりするROV本体に当たる「水中部」，ROVへの制御指令を出したり映像を確認したりする「操作部」，そしてこれらを結びROVに電力や制御信号を伝送する「ケーブル」の3つです(**図3-2**)．

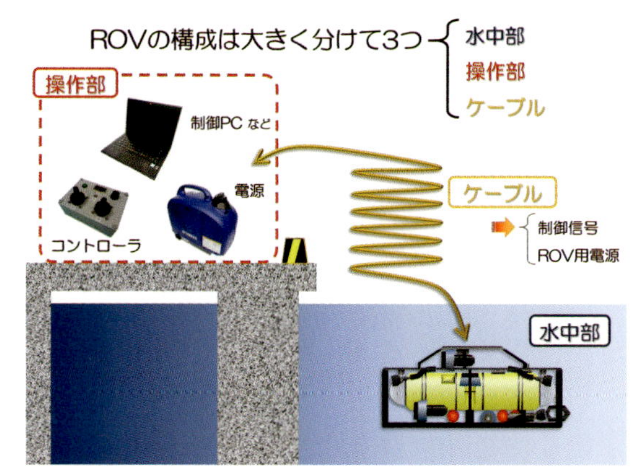

図3-2　ROVは3つのパートから構成される

ROVは，陸上または支援母船から供給される電力により作動しています．小型のROVであれば，家庭用のAC100 Vなどで動作するものもありますが，大深度まで潜航する大型のROVにはAC3300 Vなどの高い電圧を必要とするものもあります．

ケーブルは電力の供給の他に映像信号や制御信号の送受信も行います．そのため，ケーブル内部には電力線の他に通信用の信号線が組み込まれており，これを「複合ケーブル」と呼びます．通信用の信号線はメタル線を用いるものや光ファイバを用いるものなど様々です．

また，このケーブルはROVとの通信以外に命綱としての役割も果たしています．ROVがいったん水の中に入ると，深くまで潜っていき水面からはROVの様子を伺うことができません．そのため，ROVパイロットは，ケーブルを使って送られてくる様々なデータや映像を頼りにROVの状態を常にイメージしながら操縦します．しかし，ROVに何らかのトラブルが起こり，これらのデータが送られて来なくなった状態でROVを操縦し続けるのは大変危険です．そのため，システムの電源を遮断してケーブルを巻き取ってROVを引き上げるか，機体の自己浮力で浮上してくるのを待ちます．そのため，ROVのケーブルには強い引張に耐えるための強度が要求されます(近年ではあえてケーブルを切断して自己浮上させるROVもある).

しかし，もしケーブルが切れてしまっていた場合には，ROVを引き上げることができません．そこで，ROV本体には，操作部からの通信信号が一定時間途絶すると，システムにトラブルが発生したと判断し，自動でバラスト(おもり)を切り離して浮上してくるようなシステムを組み込むこともあります．

● 40トンで20万回の折り曲げに耐えるアンビリカル・ケーブル

海底で重作業を行うような大型のROVと母船とをつなぐアンビリカル・ケーブルは，多くの場合，3相交流の電力を供給する電力線と，制御信号や映像信号を通信する光ファイバ(インターネット用の光ファイバとほぼ同じもの)などによって構成されています(**図3-3**)．これらをアラミド繊維のような強度の強い素材で保護し，船が揺れてケーブルに荷重がかかっても切れないようになっています(**写真3-2**)．

かいこうMk-Ⅳ(ビークル)の空中重量は約6トンあり，ランチャの空中重量は約5.8トンです．ビークルには浮力材が詰め込まれており，水中では中性浮力となりますが，ランチャは浮力材を積んでいないため，水中でもかなりの重量になります．それにケーブル自身の重さが加わります．11000 mの深さでは，ケーブルの重さだけで6トン以上になります．そこで，製造時の試験では側圧40トンで屈曲試験を実施し，20万回の繰り返し試験に対しても破断しないことを確認しています．

● 熱と磁界との闘い！ケーブル・ドラムが巨大コイルに

マリアナ海溝に潜航するようなROVのケーブルは長さが12000 m近くもあるので電気抵抗が大きく，ケーブル設計には工夫が必要です．ケーブル設計で一番苦労するのは，太くしないことと熱を持たせないことです．ケーブルが太くなると潮流の影響を受けるだけでなく，船に搭載するスペースも大きくなってしまいます．また，熱が発生するとケーブルの劣化が早くなります．細い動力線で熱を抑えながら送電するには，電流を抑える必要があります．例えばかいこうでは，ケーブルに流せる電流は最大25 Aと決まっています．そのため，送電電圧を最大3300 Vと高くした交流電力を母船から給電しています．

なお，発熱が最も問題になるのは，ケーブルを巻い

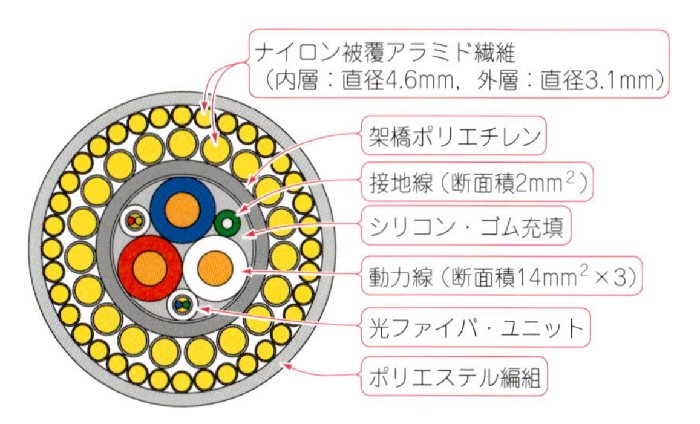

図3-3　アンビリカル・ケーブルの断面

写真3-2　重作業用ROVに用いられるアンビリカル・ケーブルの例

写真3-3　ROV母船の船内に設置されている巨大なケーブル・ドラム

てある船内のケーブル・ドラムです(**写真3-3**)．熱だけでなく，磁界の発生も問題です．ケーブルは導線なので，中空の円筒に巻き付けて電流を流すとコイルになります．そのため，船内のケーブル格納庫(ケーブル・ストア)では非常に大きなコイルによる磁界が発生します．そこで，ROV通電時には格納庫の扉を全て締め切り，庫内に散水しながらケーブルを放熱し，人が立ち入ることのないように気を付けています．

3-3　母船と無人探査機との通信

● 母船との通信は光ファイバ経由！ 16種類の波長を同時に使って4K映像を送る

母船とケーブルでつながれているROVは，**写真3-4**に示すような船内の操縦席からコントロールします．ROVは，母船の操縦席から送られてきた様々な信号を一度に処理します．また，ROVからは，カメラの映像データや観測装置からの測定データが母船に大量に送られてきます．

その信号の要となるのが光ファイバです．**表3-1**に示すように，最近のROVでは光伝送で96 Gbpsのデータを送受信できます．これは，非圧縮の4Kカメラの映像も十分伝送できる容量です．

この光ファイバを用いた通信は，一般的に使われているインターネットと同じものです．20年近く前に完成した「初代かいこう」でも，すでに光通信技術が取り入れられていましたが，最近のカメラのように高解像度になって大容量のデータが伝送できるようになったり，観測機器が高性能化して送信するデータ量が増えたりして，徐々に性能を満足に発揮できなくなってきました．そこで，「かいこう7000 II」からは，1本の光ファイバの中に異なる波長の光を混ぜることでたくさんの情報を送る光波長多重通信方式(Coarse Wavelength Division Multiplexing：CWDM)が採用されました．

このCWDMにより，光の波長(1271～1611 nm)を20 nm間隔で使用し，複数の光波長を1本のシングル・モード光ファイバ(Single-Mode optical Fiber：SMF)で伝送しています．かいこうMk-IVでは，1本のSMFで16チャネル分を使用し，これを上りと下りで合計2本使用するため，32チャネル分の光信号を送ることができます．これにより，ギガビットEthernet，IEEE 1394，USB 2.0などの大容量高速通信も可能で，フル・ハイビジョン映像だけではなく，非圧縮の4K規格の映像など高いビット・レートの映像も送ることができます．

● 制御信号や深海の映像を母船とROVで伝送する

「かいこう」の操縦者は，ランチャ，ビークル，マニピュレータ(ロボット・アーム)の合計3名です．それぞれが複数のモニタを同時に見ながら，ROVの深度や高度，周辺障害物，母船やランチャとの相対位置，

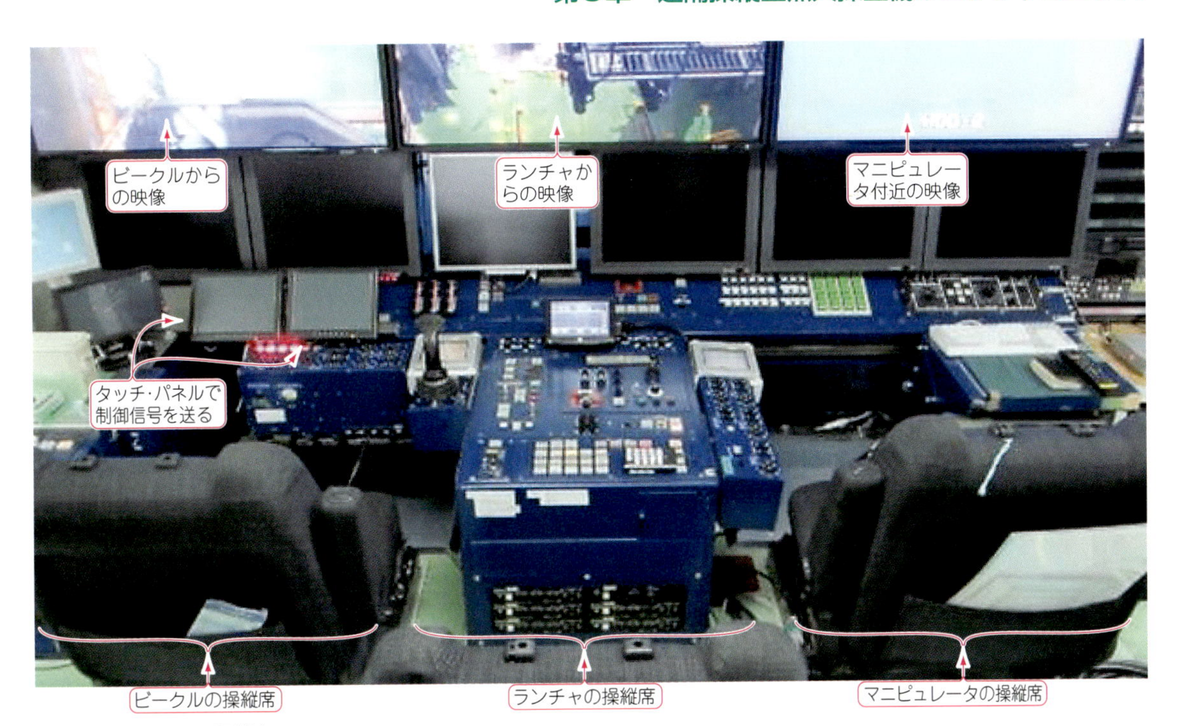

写真3-4　かいこうの操縦席
遠隔式探査機かいこうMk-Ⅳの操縦席では，制御や画像などの大量のデータをやりとりする

表3-1　歴代「かいこう」のデータ通信容量

ビークル名	かいこう	かいこう 7000	かいこう 7000 Ⅱ	かいこう Mk-Ⅳ
稼働年度	1995	2004	2010	2013
データ転送速度	1.2Gbps	1.2Gbps	24Gbps(3G×8チャネル)	96Gbps(3G×32チャネル)
使える帯域数	2チャネル	2チャネル	8チャネル	32チャネル
光伝送方式	WDM	WDM	CWDM	CWDM：16チャネル×2
使えるカメラ	NTSC	NTSC	HDTV	4K

ビークルの傾きなどを常に監視しています．カメラや観測機器のON/OFF操作も同時に行うため，操縦席には多くのスイッチが設けられています．ROVのスラスタを動かすには，航空機と同じようにジョイ・スティックやスライダなどを使って操縦しています．

近年では，タッチ・パネル式のLCDモニタを使っているROVもあります(**写真3-5**)．従来は機能が追加されるたびにスイッチを増設したり配線したりする必要がありましたが，画面プログラムを変更するだけで機能を拡張でき，改造の手間を省くことができます．これらの制御信号は，母船とROVにそれぞれ搭載された光伝送装置から，ケーブル内の光ファイバを用いて通信しています．

3-4　無人探査機の操縦

● 光ファイバで伝送した情報を取りこぼさないように複数のパソコンで監視

制御信号や画像データ，センサの測定値などの多くの情報は，船の振動や揺れによる故障にも強い産業用パソコンを使って処理します．これは，一般的なパソコンと性能はほとんど同じですが，信頼性の高いパーツや過酷な環境でも耐えるパーツを使って組み立てられたカスタム・パソコンです．

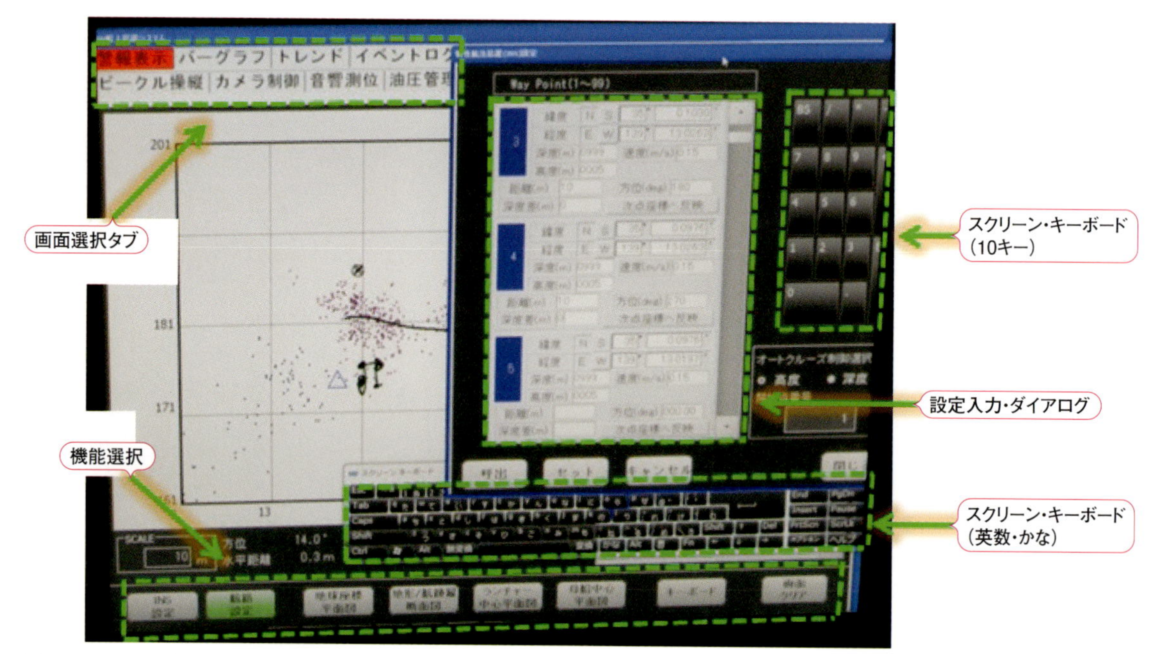

写真3-5　ROVの操縦に用いられるタッチ・パネル

これを複数台使って，それぞれに役割分担を決めて制御しています．それぞれのパソコンは，**図3-4**に示すようにROVの運動制御やマニピュレータ操縦，音波で障害物を探知するソナー画像の処理，海中音響測位などの仕事を分担しています．

パソコンやジョイ・スティックからの入力情報は，一度，PLC(Programmable Logic Controller)に集められ，制御信号をD-A(ディジタル-アナログ)変換したあと，光伝送装置に送られます．逆に，ROVから送られてくるデータ(映像やソナー画像)も，PLCでA-D変換した後に各パソコンで演算を行ってモニタに表示されます．

万が一，パソコンへの電源供給がストップしたり，パソコンがフリーズしたりすると，大深度で作業しているROVが事故を起こす危険性があります．そこで，全てのパソコンにバックアップ機能を持たせ，どれか1台にトラブルが起きても，ほかのパソコンがバックアップとして作動しROVを安全に動かせるように設計してあります．

● ROVのコクピットはボタンや計器，モニタがぎっしり！

ロボットの操縦というと，操縦桿(そうじゅうかん)やフット・ペダル，いくつかのボタンが設けられたコクピットを想像する人が多いと思います．しかし，海中ロボットの操縦席はどちらかというと航空機のコクピットのようであり，ボタンや計器がぎっしりと並んでいます．**写真3-6**は民間のサルベージ会社が運航している多目的作業船「Poseidon-1」に搭載されているROVの操縦席の様子です．

最近ではタッチ・パネルに機能を集約するなどの工夫により，スイッチ類は大幅に削減されました．一方

コラム3　水中探査機の亡失を防ぐ秘密道具

有人潜水艇やROV，AUVには，何らかのトラブルで機体が海面に浮上しなかった場合を想定して，緊急離脱装置が組み込まれています．

例えばROVの場合，通常はケーブルを巻き取って船上に回収しますが，ケーブルが切れてしまった場合などには，バラストを投棄する「爆破ボルト」と呼ばれる装置が組み込まれています．

通常は動作しないように設定されていますが，母船からの音響信号を受信した場合や，通信が途絶してから一定時間が経過すると，装置内部の火薬が点火してバラストを離脱するように設計されています．

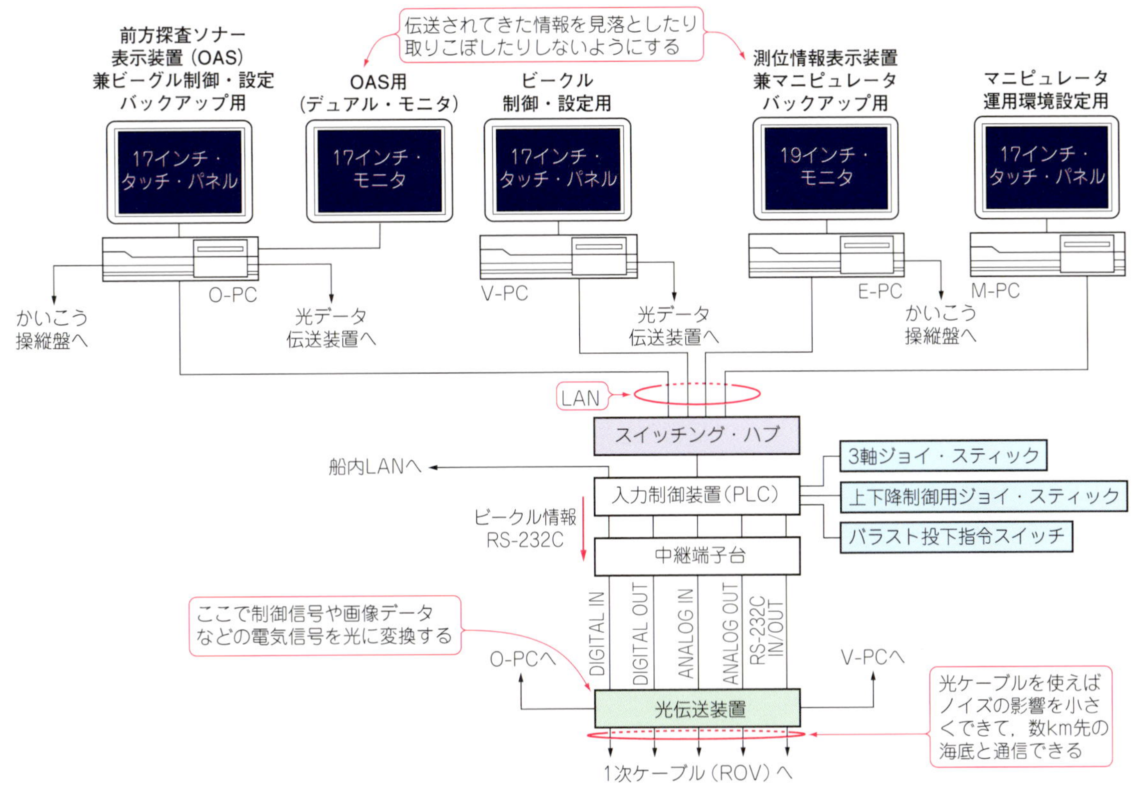

図3-4　ROVの船上にある操縦装置の構成

(a) Poseidon-1の船体

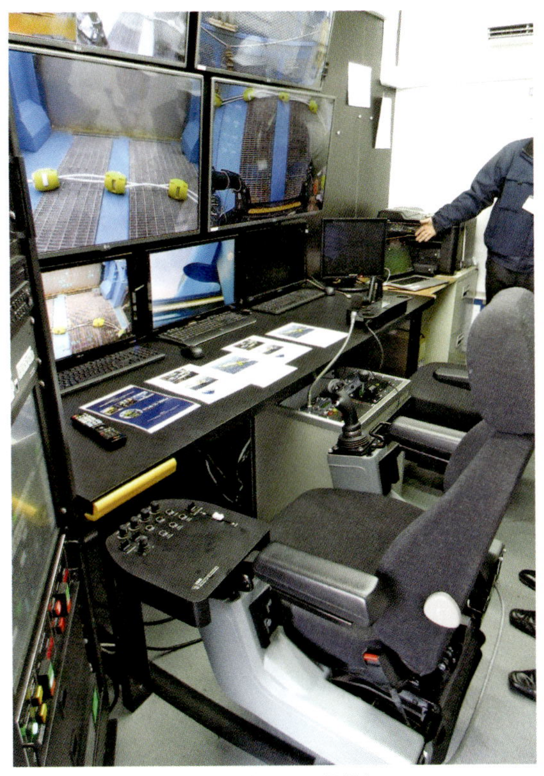

(b) 搭載ROVの操縦席

写真3-6　民間企業が運航している多目的作業船 Poseidon-1
Poseidon-1に搭載されている大深度用ROVの操縦席の様子

で，航空機と違ってモニタ画面の多さが目立ちます．光の届かない水深数1000 mを探査するROVのパイロットは，直接自分の目で海中の様子を見ることができないため，ROVに搭載されたカメラの映像に頼らざるを得ません．そのため，ROVには多くのカメラが搭載されています．

真っ暗な深海ではライトの光が届く距離も短く，見

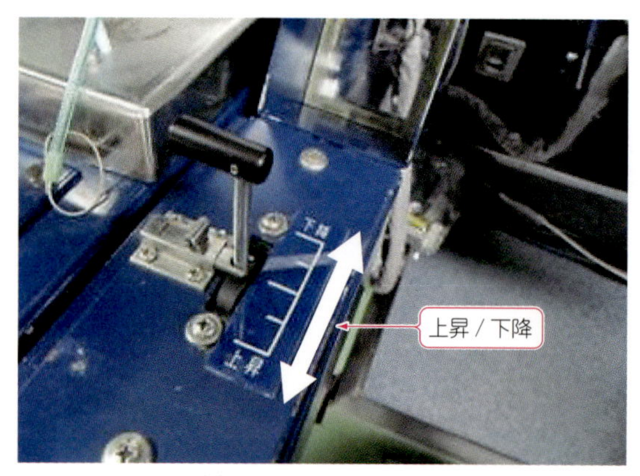

(a) 上昇・下降用スライダ

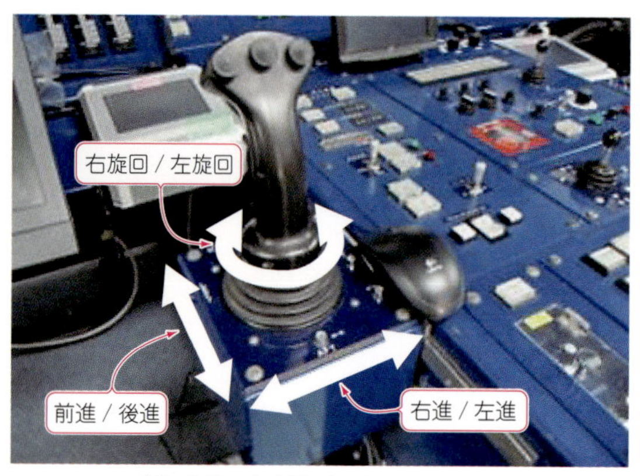

(b) 前後・左右用ジョイ・スティック

写真3-7　ROVの操縦桿の一例

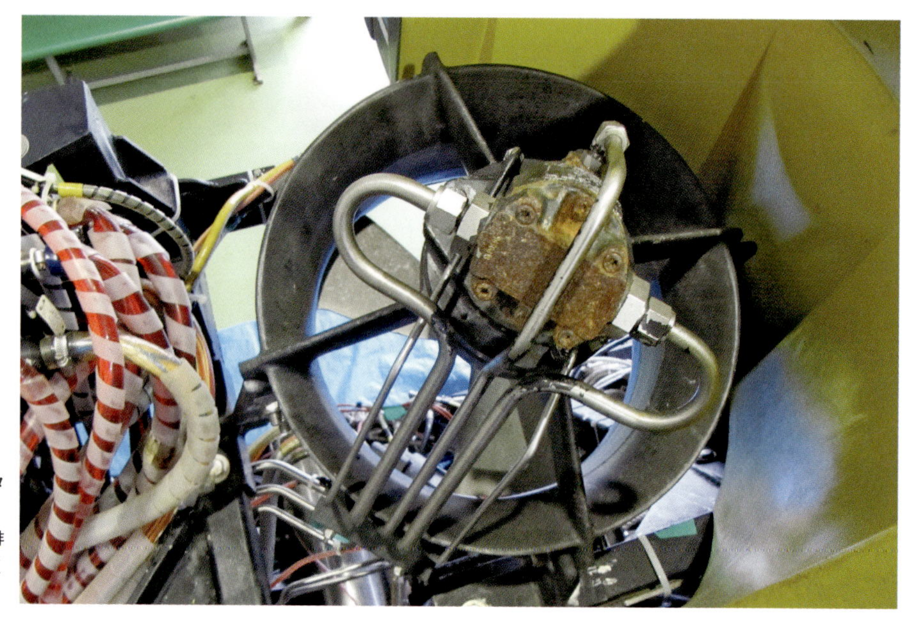

写真3-8　油圧式スラスタの一例
油圧式スラスタには油を注排(注入/排出)する配管が多くある

通しが利くのはせいぜい10数メートルです．暗闇で目の代わりとなるのは，音響障害物探査装置(Obstacle Avoidance Sonar：OAS)の映像です．このように，パイロットは様々な映像を常に監視しながら操縦を行います．

パイロットは，映像やビークルの状態，ケーブル張力，母船とROVの相対位置，機種方位など多くの情報を瞬時に読み取り，頭の中でROVの状態をイメージしながら操縦していきます．

ROVの操縦には，**写真3-7**に示すジョイ・スティックとスライダなどを使います．ジョイ・スティックは前進/後進，右進/左進，右旋回/左旋回の動きに使い，スライダは上昇/下降に使います．これらの操縦桿の操作量(電気信号)をスラスタの制御量に変換し，光ファイバを通してビークルに推力指令値が送られます．ジョイ・スティックの上部に取り付けられたスイッチで，カメラの操作をすることもあります．

● 油圧式スラスタの操縦には熟練が必要！

海底での掘削や重量物の設置・回収を行うような重作業用のROVでは，主に油圧式スラスタを搭載しており，操縦桿の操作量に基づいた電気信号により，スラスタに流れる油量を調整して推力を発生させています．この油圧式スラスタは，油が流れる力で歯車を回してプロペラを回転させる仕組みになっており，電気式モータとは性質が異なります．

電気式モータは電圧や周波数から直接回転数を変えるのに対し，油圧式スラスタはジョイ・スティックやスライダの操作量を電圧値に変換し，この電圧値を用いてサーボ・バルブ(油の流れを調整する弁)を制御して，歯車に流れる油の量でプロペラの回転速度を調整します．操縦桿を操作してからサーボ・バルブを制御するまでのタイムラグはほとんどありませんが，モータが始動するまで油が流れるには微妙な時間差が発生します．そのため，電気式モータのようにクリティカルな動きが苦手なので，安定したROVの操縦を実現するには熟練が必要です．**写真3-8**は，重作業ROVに用いられている油圧式スラスタです．電気式に比べて，油圧式には油を注排する配管が多くあるのが特徴です．

全てのROVが油圧式スラスタを使っている訳ではありません．沿岸部を調査する小型ROVや，水深11000mまで潜航可能な大深度用ROVにも小型の電気式スラスタを搭載しています．これは，油圧式スラスタを作動させるには油の流れを発生させる大掛かりな油圧ポンプ・システムが必要で，小型のROVには搭載が困難なためです．また，これらのROVは海底観察が主な任務であり，油圧式スラスタのような大きなトルクを必要としないことも理由の1つです．

● 調査を均一化し，パイロットの負担を軽減するオート・クルーズ機能

安定して調査を行うために，近年のROVではオート・クルーズ機能を搭載している機種もあります．この機能を使うと，あらかじめ通過ポイント（ウェイ・ポイント）を設定することで，ROVが自動的に深度，高度，方位などを演算しながら通過ポイントに向かって航行します．そのため，複雑な地形でも海底から常に一定の高度を保ったまま調査することが可能です．

オート・クルーズ機能を使うことで調査を均一化でき，調査の精度が高まります．近年，注目が集まる海底鉱物資源の調査においても役立ちます．特に，世界第6位の広さのEEZを有する日本では，広大な海底を調査するには非常に多くの時間を要します．そのため，長時間の操縦を行うパイロットにとって，ROVが自動で調査を行うことは負担の軽減にもつながります．

このオート・クルーズ機能を実現するには，近年の高度なコンピュータ技術が欠かせません．ROVは，様々な観測機器からの情報を常に船上のコンピュータに伝送しています．この中に含まれているのは，深度，高度，方位，スラスタ推力などです．数十msのサンプリング周期で送られてくるこれらの情報を基に，ビークルの水中姿勢を自動で維持するように演算し，その値をビークルにフィードバックしています．ビークル演算部は，その値を受け取って次の状態を推定し，スラスタ推力などを自動調整します．これはPID制御（Proportional-Integral-Derivative Controller）と呼ばれる制御方式で，AUVや陸上用のロボット制御にも多く使われている制御アルゴリズムです．

3-5　複雑なスラスタの推力配分と予測できないケーブルの動き！

陸上用のロボット制御と比べて海中ロボット制御の難しい点は，ロボットが「3次元の動き」をすることです．流体中を航走する海中ロボットは，直線運動と回転運動を行います．機体の前進方向を軸として，横方向を軸，鉛直下方向を軸，機体重心をOとすると，3軸6自由度の運動を行うことになります（第2章，**図2-7**参照）．この座標系を機体座標系と呼び，運動制御モデルを考えるうえでの基本となります．

ここからはちょっと複雑な方程式を用いて，全ての運動状態について影響を計算します．そして，その結果を元にスラスタの推力配分値を検討します．例えば，かいこうMk-Ⅳでは，スラスタ効率を考慮して垂直スラスタは軸に対して30°傾けて取り付けられています．そのため，ビークルが上昇しようとすると機体後部のスラスタの力が前進方向に発生してしまいます．そこで，この前進方向への力を打ち消すために必要な水平スラスタの推力を計算し，意図しない方向へ進まないように制御しています．

さらに，各スラスタには製造時の微妙な誤差があるので，これらを全て均一にしておかなければ，ROVが思った方向に進まないという事態が発生します．そこで，設計段階で全てのスラスタについて油の流量や回転数を記録しておき，誤差をなくすためのオフセット値を導き出します．オート・クルーズでは，常にスラスタの推力を細かく調整しながらROVを制御するため，この値を厳密に記録しておかなければ，機体バランスが崩れて意図しない航路を走る結果になってしまいます．

ROVのオート・クルーズがAUVと違って難しいのは，ケーブルの影響を考慮しなければならない点です．ROVにとって母船とつながるケーブルは，電力と信号を送る命綱です．しかし，オート・クルーズを行ううえでケーブルは予測できない外力となります．通常，外力とは，突然の強い潮流やサンプルを採取したことで変わる重量バランスなどが代表的ですが，ROVにとってはケーブルも外力の1つなのです．太さ十mmのケーブルは，水中では潮流の影響を受けて凧（たこ）の糸のような複雑な動きをします．そうなるとROVはケーブルに引っ張られ，目標方向に進めなくなります．

また，ケーブル自身の動きを計測することはとても困難です．そこで，時々刻々変化するケーブルの影響をカルマン・フィルタと呼ばれる状態予測式を使って，前の時間の状態から今の状態を推定するとともに，今の時間ステップにおける観測値を用いて推定値を補正することで，より正確な状態を推定して，次に出力すべきスラスタの推力を計算しています．

第4章

自律型無人探査機のエレクトロニクス

前章で詳しく説明したとおり，海中ロボットの種類は，有人潜水船と無人探査機の2種類に分けることができます．さらに，無人探査機は人が遠隔で操縦するROV(Remotely Operated Vehicle)と，探査機が自分で障害物などを検知して避けながら調査を行うAUV(Autonomous Underwater Vehicle)に分けることができます．

4-1 単独で行動する自律型無人探査機

● ROVとAUVの違い

遠隔操縦型無人探査機ROVと自律型無人探査機AUVの最も大きな違いは，AUVは母船からの電力供給などの支援を必要としないことです．ROVは母船とケーブルで結ばれていて，電力，操作指令，観測データ，カメラ映像などを伝送することができ，リアルタイムで海底の様子を観察することが可能です．しかし，ケーブルでつながれていることから，あまり広範囲を調査することはできないので，主に決まった海域での調査や作業に用いられます．

一方，AUVには母船とつながるケーブルはなく，内部にバッテリを搭載していることから，単独で100km以上も航行することが可能です．この特徴を生かし，世界中で様々なAUVが作られています．近年では，北極海の氷の下の調査や海底資源の分布調査なども行われています．

● AUVは巡航型とホバリング型の2種類に分類できる

すでに北欧などでは海洋調査に不可欠な存在となっていて，10数mの大型のものから，人が持ち運びできる小型のものまで様々なタイプのAUVが開発されています．その多くは巡航型(または魚雷型)と呼ばれ，前進運動を基本としています．機体下部に音響ソナーなどを搭載し，航行しながら広範囲の地形データなどを取得することができます．

また，近年では海底の画像マッピングなどを行うホバリング型のAUVも開発されています．巡航型AUVよりもゆっくりと進みながら海底の連続写真を撮影することができるため，より精密な調査が可能で，生物分布調査などへの活用が期待されています．

写真4-1は，巡航型AUVとホバリング型AUVの一例です．この巡航型AUVは全長約10 m，幅約1.3 m，高さ約1.5 mです．ホバリング型AUVはとても小型で全長約1.1 m，幅約0.7 m，高さ約0.71 mです．バッテリ容量や搭載可能ペイロードの容量などの違いもありますが，巡航型AUVの方が細長い形状になっています．

前進運動を基本とする巡航型AUVにおいては，長距離航行を実現するため水の抵抗を減らすように設計されています．上下・左右方向への移動は，航行しながら垂直舵，水平舵で行います．これに対してホバリング型AUVは，ROVと同様に複数のスラスタを使ってゆっくりと移動しながら調査するため，機体の安定性を重視した設計になっています．この特性を生かし，海底面に接近して調査を行うことができます．そのため，深海生物の棲息状況や海底資源の分布状況などを詳細に観察することができます．

4-2 巡航型AUVの構造

AUVも他の水中探査機と同様に機体はチタン合金やアルミ合金などの金属のフレームで作られていて，そこに制御装置や観測機器，浮力材を搭載し，外側をFRPのカバーで覆っています．

推力は機体後部にあるメインの大型スラスタで発生させ，潜航・浮上，旋回などは垂直舵と水平舵で行います．そのため，巡航時には3軸運動(サージ，ロール，ヨー)が基本となります．また，大型の巡航型AUVでは，浮力調整装置によりホバリングすることも可能です．

海中で機体を中性浮力に保つための浮力調整装置も搭載しています．浮力材で浮力を調整していますが，海は深度によって海水の密度が異なるため，巡行型AUVでは深度に応じて浮力を調整できる装置が役立

（a）巡航型AUV

（b）ホバリング型AUV

写真4-1　巡航型AUVとホバリング型AUVの例

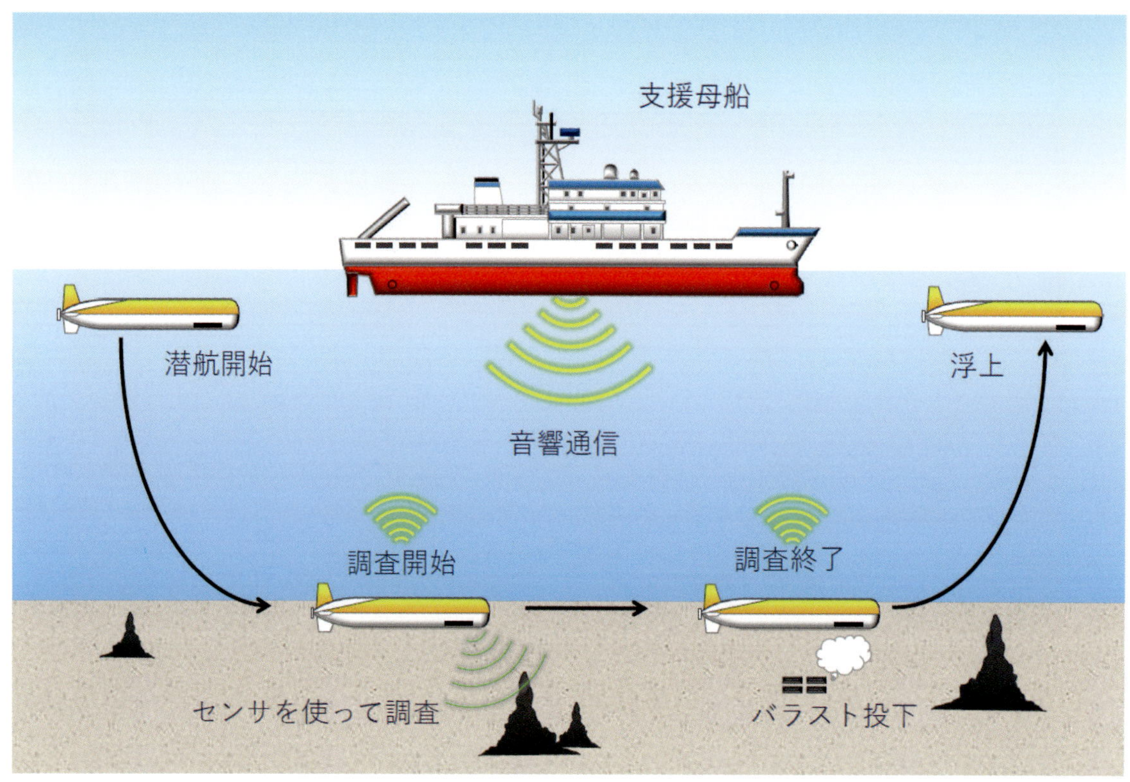

図4-1　AUVのオペレーションのイメージ
自分で浮力を調整しながら潜航・調査を行い，終了後も自力で浮上してくる

ちます．この装置は，機体内部に搭載したオイル・リザーバー・タンクと呼ばれる油の入った容器から，ポンプを使ってブラダと呼ばれる油袋に油を出し入れする装置です．これによりブラダの体積を変動させて浮力を調整します．大型のAUVでは約60 kgfの浮力調整が可能なものもあります．また，前後傾斜角（トリム）の変化にも対応できるよう，トリム調整装置も搭載しています．機体内部に搭載されたおもりを前後に少しずつ移動させることでトリム調整を行うことができます．

4-3　巡航型AUVのオペレーション

AUVの多くは有人潜水船やROVと同様に母船を使って運用されています．AUVは，母船から海中に投入されると，メイン・スラスタの推力で前進します．そして浮力調整装置とトリム調整装置，および水平舵を調整しながら機体を傾斜させて潜航していきます．

調査開始地点に到着すると，機体が中性浮力となるように浮力調整を行います．

深海では海面付近と塩分濃度や水温が異なるため，浮力（水の密度）も変わってしまいます．そのため，AUVは海底付近での浮力を自動計算して浮力を調整しています．調査中は前進運動をしながら垂直舵と水平舵によりピッチ角と方位角を制御し，深度計または高度計の値を元に，目標深度まで潜航を行います．オペレーションの内容に応じて，深度計，または高度計の値をあらかじめ選択して使用します．調査が終了するとバラストを投棄して機体浮力を軽くして浮上します（**図4-1**）．

AUVはROVのように母船からの支援を受ける必要はありませんが，万が一に備えて母船は音響通信でAUVの位置を確認しています．しかし，予測できない強い潮流などの影響により，実際のプログラムとは異なる航路を取ってしまった場合，母船がAUVを見失ってしまう可能性があり，最悪の場合は事故につながります．そのため，母船との通信が一定時間以上途切れると，AUVの制御プログラムが調査中止とバラスト投下の命令を出します．バラストを投下するシステムは，他のシステムと電気的に独立しているため，何らかのトラブルでAUVの電源が遮断されてもバラストを投下することができます．

また，機械的要因でバラストが外れない場合を考慮し，応急バラストも装備しています．応急バラストには2通りの離脱方法があります．AUVの制御プログラムを通じて投下命令を与える方法と，母船から音響信号によって強制的に投下させる方法です．このように，AUVは安全に調査を行えるよう何重もの安全対策が施されています．

4-4　AUVの自律探査を実現する頭脳

自律探査を行うAUVには様々なセンサが搭載されており，これらの情報を元にスラスタなどのアクチュエータを動かしています．しかし，センサやアクチュエータが増えると，情報の処理に時間がかかってしまいます．そこで，**図4-2**に示すように，各機器に処理用のコンピュータを設けることで情報処理に掛かる負荷を分散しています．

また，流速や流向などが時々刻々変化する海の中では，数秒であっても探査機がフリーズすることはとても危険です．特に，AUVはROVのように母船とつながるケーブルがないため，ブラック・アウトなどの故障を常に監視することはできません．そこで，AUVは独自で故障の判断を行うソフトウェアが組み込まれています．各コンピュータ同士はネットワークで接続されており，どれか1台がエラーを起こした際には，他のコンピュータが相互にバックアップを行えるように設計されています．

4-5　長時間潜航を可能にする大容量バッテリ

空気のない深海では動力にガソリンを使えないため，エンジンではなく電動モータを用います(一部のROVなどでは油の力でモータを駆動させる油圧式モータが使用されている)．そのため，AUVは電力をケーブルで伝送するROVと違い，内蔵バッテリで稼働します．深海は，陸上に比べ容易にアクセスできないため調査の機会も少なく，限られた時間内でミッションを完遂することが求められます．そのため，探査機の稼働時間を少しでも長くするため，大容量のバッテリが搭載されています．

しかし，バッテリを大型化すると探査機自体も大きくなるため，小型でエネルギ密度の高い電池が不可欠です．大型のAUVでは全長約10 mの巨大な機体を動かすため，船体の中心付近にリチウム・イオン電池を納める大きな容器を搭載しています．リチウム・イオン電池は，携帯電話やノート・パソコン，電気自動車などにも使われており，メモリ効果が少なく充放電時にガスも発生しません．繰り返し充電にも強く，長寿命であることから，深海探査機には多く用いられています．

AUVによっては10数時間，100 km以上もの連続航行が可能です．代表的なハイブリッド・カーのバッテリが約1 kWhであることを考えれば，いかにうらしまのバッテリが大きいかが分かります．

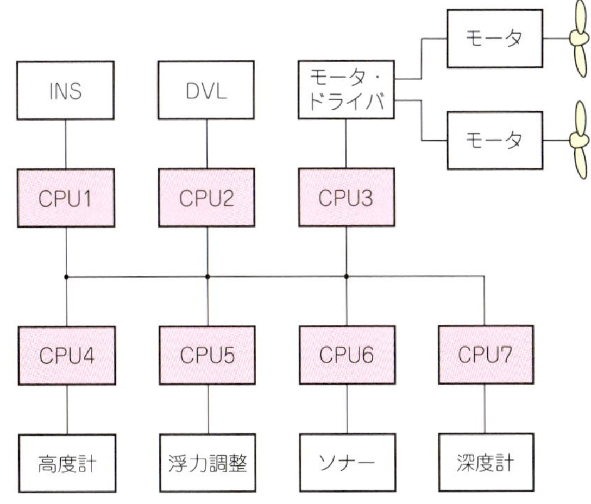

図4-2　負荷分散型コンピュータは各機器に処理用のコンピュータを設けることで情報処理にかかる負荷を分散している

4-6　長距離航行を可能にする燃料電池

AUVの性能を左右するバッテリですが，他のバッテリに比べてエネルギ密度の高いリチウム・イオン電池を使用しても，長時間利用できるようにするためには搭載量を大きくするしかありません．

そこで考え出されたのが燃料電池です．燃料電池は，酸素と水素が電気科学的な反応を起こすことで取り出される電気エネルギを利用する電池です．例えば，理科の授業で「水の電気分解」の実験をしたことがあると思います．これは，水に電圧を掛けることで，陽極(＋)からは酸素が，陰極(－)からは水素が発生する水の酸化還元反応です．燃料電池はこの逆の化学反応を利用しています．

我が国ではAUVの長距離航行を目指し，1990年代から燃料電池の開発を行ってきました．しかし，大深度の圧力下で酸素と水素を混合するのは非常に難しく，開発は難航しました．酸素は潜水艦などでも利用実績があり，高圧酸素ガスを気蓄器と呼ばれるボンベの中に封入することができます．しかし，水素を封入する容器は一般的なガスよりも高い圧力に耐える必要があります．圧力に耐えるには容器を分厚くする必要があり，機体の大型化が避けられなくなります．

そこで，水素吸蔵合金と呼ばれる特殊な合金に水素を吸収させ，必要に応じて水素を放出する方式を採用しました．これは，金属の分子と分子の間にできる隙間に水素を分子レベルで蓄積する技術です．四角い箱にボールを詰め込んだときに，ボールとボールの間に隙間ができるのを想像すれば分かりやすいと思います．

このときのボールが金属分子で，隙間に水素分子を入れていくイメージです．このような水素を蓄積する特性を持つのが水素吸蔵合金です．この合金を利用することで，水素を分子レベルで蓄蔵できるため，体積は水素ガスの1/1000程度まで減らすことができます．

これにより，燃料電池自体も小型化することが可能となりました．しかし，高圧が掛かる深海で使用するため，燃料電池も閉鎖空間で発電する必要があります．前述のように，燃料電池は水の電気分解の逆反応なので，酸素と水素が反応すると電気以外に水も発生します．陸上では燃料電池で発生した水は外側に捨てることができますが，数十MPaの圧力が掛かる深海では水を外に出すのも一苦労で，余計にエネルギを消費します．さらに，水を排出してしまうと機体のバランスが崩れてしまいます．

そこで，これらの問題を解決するため，生成水を一時的に内部に蓄積する閉鎖式燃料電池という燃料電池も考え出されました．

4-7 海底での位置測位技術

海底を探査するうえで重要になるのは，発見した鉱物資源や生物の位置がどの場所だったかということです．特に，海底資源調査において，海底に分布する資源量を正確に把握するためには，探査機の位置情報が非常に重要な役割を果たします．自分の現在位置を測位する技術と聞いて真っ先に思い浮かぶのは，自動車などに搭載されているGPS(Global Positioning System)や，アマチュア無線家が使用するエア・バンドで受信可能なVOR(VHF Omnidirectional Range)があります．

近年では海を航行する船舶でもGPSは不可欠な装置となっており，陸の見えない大海原を航行していても容易に自船の位置を把握することができます．洋上では陸地のような目印がないので，自分がどこを航行しているのかを知ることが難しいため，GPSが普及する以前は，ロラン(Long-Range Navigation：LORAN)と呼ばれる電波による航法システムが用いられていました．これは，ロラン局から同期発射された電波を受信し，電波の到達時間差を用いて地図上に双曲線を描くことで自身の位置が分かるもの(双曲線航法)で，世界中の沿岸に多くのロラン局が設置されていました．しかし，近年ではGPSが普及したことで縮小傾向にあり，日本では2015年2月に最後の1局が廃止されました．

● 海中ではGPSが使えない！

しかし，海中探査機が活動する深海では電波も光も吸収されるため，GPSのような電波による航法システムを使うことができません．そのため，古くから音響による海中測位技術が研究されてきました．これは，母船と探査機に取り付けたトランスポンダやレスポンダと呼ばれる音響送受波器を用いて相対位置を把握する航法です．海中でもあまり減衰しない音波を利用するため，水深11000 mでも母船と通信が可能です．

一方で，探査機の水深が深くなると，通信に時間ロスが発生したり，海面付近のノイズが影響したりするなどのデメリットもあります．これらを解決するため，海底に基準点となるトランスポンダを設置する航法を利用する場合もあります．母船からの通信に比べ高い位置測位精度が得られますが，基準用トランスポンダの設置に時間がかかるので，限られた航海日数で調査をするには，探査機の運用効率が下がります．水中での探査機の位置測位技術などについては，第7章で詳しく解説します．

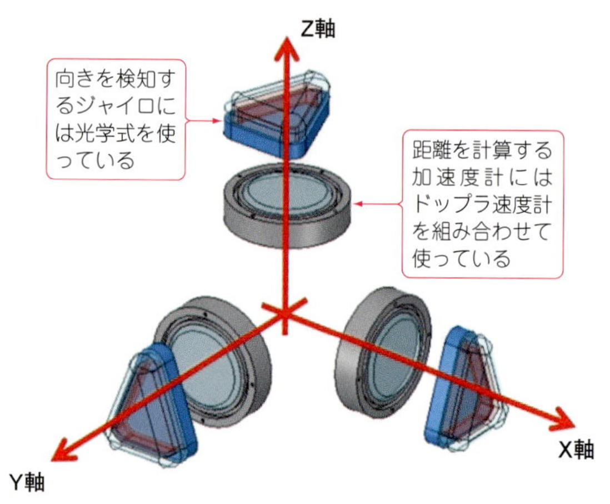

図4-3　慣性航法装置の構造

4-8 慣性航法装置による制御技術

海中探査機は，これまでは音響による位置測位が主流でしたが，前節で述べたように音響機器には時間的ロスやノイズなどの課題があります．深海生物の生息場所や海底資源の分布状況を正確に記録するには，大深度での探査機の位置を詳細に把握する必要があります．そこで，近年では慣性航法装置(Inertial Navigation System：INS)を搭載するものが多くなってきました．

INSは，宇宙ロケットや航空機などにも搭載されている内界センサの1種です．x，y，zの3軸方向にそれぞれ光学式ジャイロスコープと加速度センサを用いて，方位と移動距離を内部CPUにより演算する高度なセンサです(**図4-3**)．しかし，時間の経過とともに計算誤差が蓄積するため，近年のAUVでは次に示すような工夫をしています．

● **工夫1…ジャイロ・センサには光学式を使う！**

水中における探査機の機種方位は，ジャイロが回転することで検出できます．大型のAUVに搭載されているINSには，光学式のジャイロが採用されています．リング・レーザ・ジャイロと呼ばれ，光路差によって生じるレーザ光の干渉を検出する手法を用いて機体の角度変化を検出します．

ジャイロの内部には右回りと左回りの2本の光の通り道があり，それぞれの先端からレーザ光を同じタイミングで照射します．このとき，仮にINS(機体)が右に回転した場合，左回りの光路は長くなり，逆に右回りの光路は短くなり，両端部に戻ってくる光に時間差が発生します．これをサニャック効果といいます．このときに生じる光伝搬速度が伝搬方向に依存する特性を利用したものです．したがって，INSの精度は光路長，あるいは光路経により左右されるため，精度を高めようとすると光路が長くなってINSの大型化につながります．潜水艦のような巨大な水中航走体であれば，大型のINSを搭載する方が海中での測位精度も向上しますが，小型・軽量化が求められるAUVやROVにおいては，高精度かつ小型のINSが不可欠と言えます．

● **工夫2…ドップラ式対地速度計と組み合わせて誤差発生を軽減！**

INSの計算に用いる加速度は，1回積分すると速度になり，2回積分すると距離を求めることができます．INSはこの原理を利用し，内部の加速度計の値から移動距離を計算して求めています．しかし，積分計算は繰り返すうちに積分誤差が蓄積してしまいます．これをドリフト誤差といい，入力値がゼロ(センサが静止している)のときに出力が現れることで誤差が蓄積されます．誤差が蓄積されると徐々にINSの値にもズレが生じ，予定とは異なる航路を通ったり，予定と異なる場所で浮上してしまったりする危険性があります．

このドリフト誤差を小さくするために，一部のAUVでは**写真4-2**に示すドップラ式対地速度計(Doppler Velocity Log：DVL)という音響機器から，直接，対地速度を計測しINSに入力する方法を採用しています．DVLは探査機の下部に取り付けられており，海底面に向けて音波を発射し，反射波のドップラ・シフトから対地速度を求める装置です．この方法を用いることで，INSでの計算回数を減らすことができ，ドリフト誤差も軽減することができます．

近年では，精密な海底調査の要望が高まっていることから，ROVなどにも搭載されています．INSの特性を生かしてオート・パイロット機能を搭載しています．これは，精密かつ均一な調査が可能なだけでなく，ROVパイロットの負担軽減にも役立ちます．

写真4-2　DVLの外観

▶水中機器は生物や地形の調査以外でも多く活躍しています．写真は海上自衛隊の掃海艇に搭載されている「機雷掃海具」と呼ばれる水中探査機です．この装置は，超音波映像装置やカメラ，ワイヤ・カッタなどが搭載されており，海底に設置された機雷(船が接近や接触することで爆発する爆弾)を除去し，船舶が安全に航行できるようにしています．

▶潜水艦救難艦のDSRVにも大容量のバッテリが搭載されています．写真は「ちはや」のDSRV用の油漬バッテリです．2018年に就役した最新のDSRVではリチウム・イオン・バッテリが使われています．

第5章

海洋観測フロートのエレクトロニクス

海の中を直接見る技術としては，これまで紹介してきたように，人が乗り込む有人潜水船(Human Occupied Vehicle：HOV)や，船の上から操縦する遠隔操縦型無人探査機(Remotely Operated Vehicle：ROV)，自動で航行・調査が可能な自律型無人探査機(Autonomous Underwater Vehicle：AUV)などが代表的です．これらの探査機はとても高性能で，例えば，海底資源調査や深海生物調査を行っている最中でも，調査海域の水温や塩分，溶存酸素などのデータを計測しています．これらのデータは，調査海域の生物の分布や気候変動による海洋環境の変化を検討する際に役立ちます．

しかし，探査機の開発や運用には莫大な費用とノウハウが必要です．日本では海洋研究を行っている国の研究機関や大学，気象庁などの調査船を有している機関が主体となって調査をしていますが，世界第6位の排他的経済水域(EEZ)内をくまなく調査するには，さらに多くの調査船や探査機が必要になります．さらに，母船が定期検査などで運航できないときには，探査機も運用することができません．そのため，限られた調査の機会にできるだけ多くのデータを取得するようにしています．

5-1　海の中を自動で測る海洋調査機器の必要性

海洋調査船や海中探査機が1度に調査できる範囲は非常に狭く，地球上の約7割を占める広大な海の上では点にしかすぎません．これでは，常に変化する海洋全体をリアルタイムで観測することは不可能といえます．そのため，1990年代には世界中の研究機関が協力して，海底から海面までの水温や塩分，溶存酸素などの様々なデータを取得する世界海洋循環計画(World Ocean Circulation Experiment：WOCE)が実施されました．

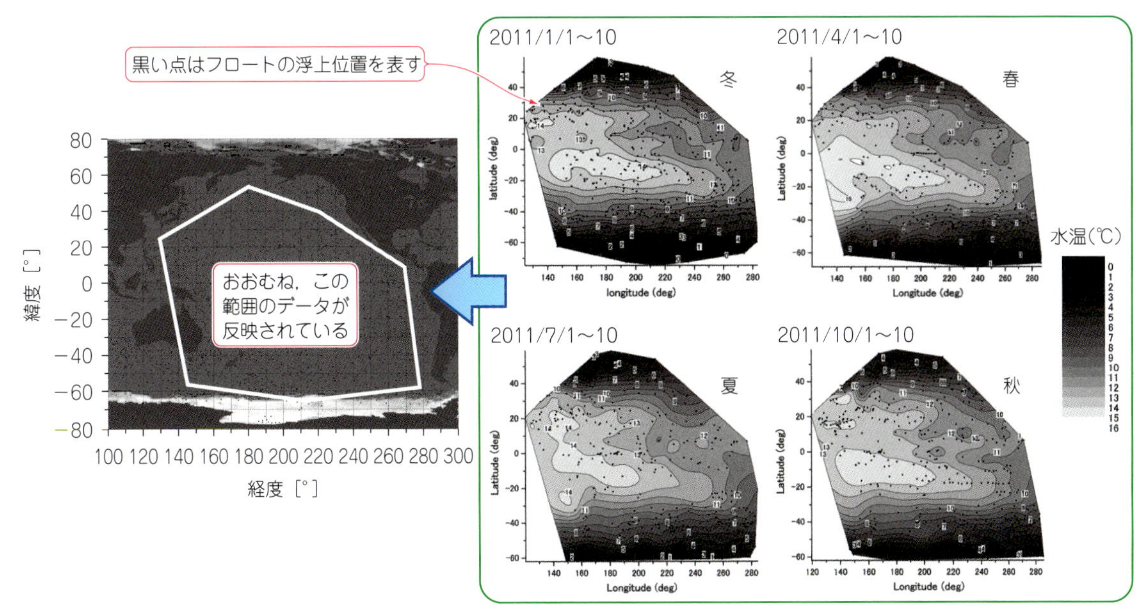

図5-1　2011年1月，4月，7月，10月の太平洋域における海水温の変化

その結果，極域を含む多くの観測データが得られましたが，それでも多くの観測空白域が残される結果となりました．さらに，海の中は季節によって劇的に変化するため，長期モニタリングに不向きな調査船での観測には限界がありました．**図5-1**は，太平洋域における2011年1月，4月，7月，10月の海水温が変化(水深2000 mまでの平均)する様子です．こうして観察すると，同じ海域でも季節によって水温が大きく変動していることが分かります．

このようなデータを取得することで，例えばエルニーニョ現象やラニーニャ現象のような気候変動をとらえることも可能と考えられます．また，微妙に変化する水温変動を長期間にわたってモニタリングすることで，海洋大循環(全海洋規模の海流循環)における地球温暖化の影響も観測できるだろうと期待されています．

5-2 全世界の海で調査中！ 自動海洋調査機器「アルゴフロート」

常に変化する海洋の状況を，リアルタイムでモニタリングする目的で考え出されたのが，「アルゴフロート」と呼ばれる自動海洋調査機器です(**写真5-1**)．

アルゴフロートは，あらかじめ設定した稼働シーケンスに従って，沈降・浮上を繰り返しながら，水深2000 mまでの水温，塩分，圧力を自動観測する装置です．

アルゴフロートの展開は，アルゴ計画と呼ばれる国際プロジェクトとして2000年にスタートしました．世界気象機関(WMO)やユネスコ政府間海洋学委員会(IOC)，および世界各国の政府機関や研究機関などが協力して，全世界の海洋に3000台以上の観測フロートを展開することを目的としていました．これが実現すると，約300 kmごと(緯度・経度にして約3度ごと)に観測フロートが展開することになります．

日本からは海上保安庁や気象庁，大学や水産高校などがフロートの展開に協力しています．現在では20カ国以上が参加し，2019年5月時点では約3900台が観測を行っています．さらに，アルゴフロートのメリットは，海流に乗って他国のEEZの中に入ってしまった場合でも，観測し続けることが国際的な枠組みとして許可されていることです．そのため，海洋調査の予算が少ない国の周辺では，他の国がフロートの展開に協力することで，観測空白域をなくす努力をしています．**図5-2**はアルゴフロートの展開状況，**写真5-1**は投入作業の様子です．

アルゴフロートは重さが約25 kg，高さが約196 cm，幅(直径)が約16 cmで，人の手で運ぶことができるほどの大きさです．先端に衛星通信用のアンテナと水温，塩分，圧力を計測するCTD(Conductivity Temperature Depth profiler)センサが付いています．CTDを使って実際に計測するのは電気伝導度(導電率)と水温，水圧ですが，これらの数値から塩分濃度を計算できます．また，水圧から水深も計算できます．

フロートの内部には，**図5-3**に示すように制御基板や浮力調整用のオイルとポンプ，バッテリなどが搭載

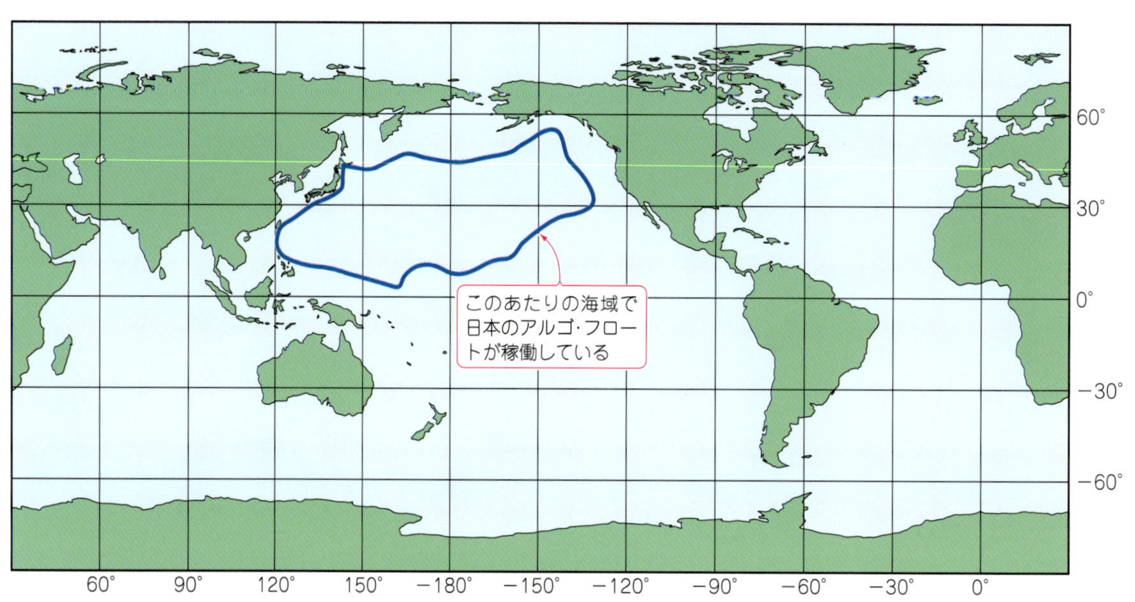

図5-2 アルゴフロートの展開状況(2019年5月現在)
3909台のアルゴフロートが展開されている．アルゴフロートの国ごとの投入数を見ると，1位がアメリカ(2194台)，2位がオーストラリア(354台)，3位がフランス(266台)，4位が日本(149台)となっている
［出典：Argo，Webサイト(http://www.argo.ucsd.edu/)］

写真5-1　アルゴフロートの投入作業の様子
[出典：アルゴ計画・日本公式サイト(http://www.jamstec.go.jp/J-ARGO/index_j.html)，提供：海洋研究開発機構]

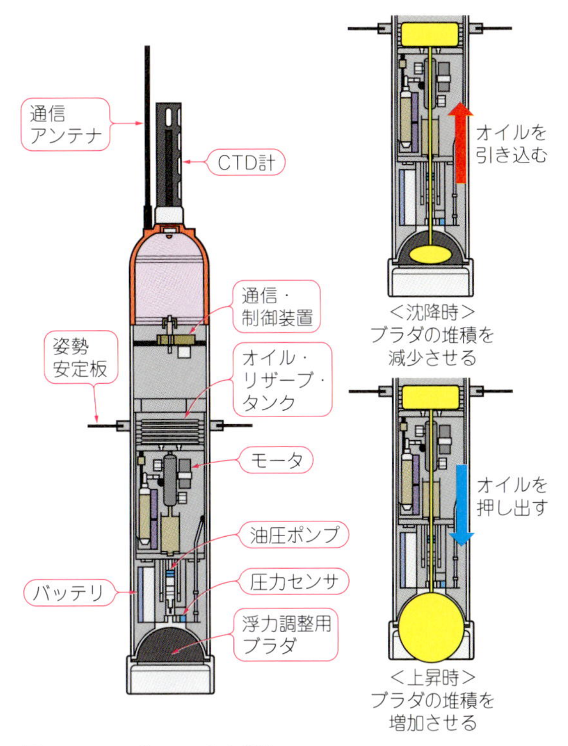

図5-3　アルゴフロートの構造
データ計測のための各種センサ，データ送信装置とアンテナ，設定したシーケンスに従って沈降・浮上するための浮力調整機構などを備える
[出典：Argo，Webサイト(http://www.argo.ucsd.edu/)]

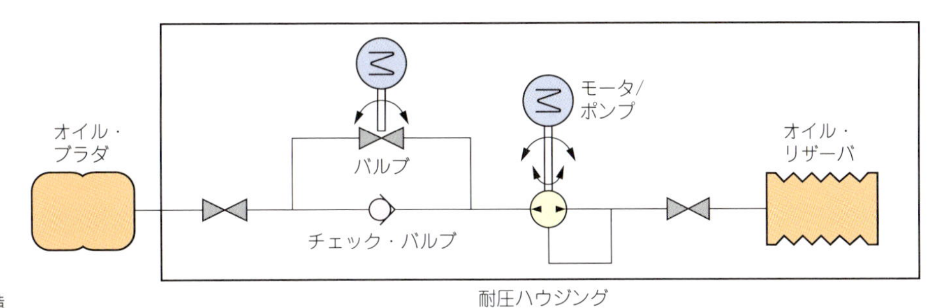

図5-4　浮力調整機構の構造

されています．浮力調整は，電動ポンプ(モータ＋ポンプ)を使って，機体内部のオイル・リザーバ・タンクの油を，機体外部にあるブラダと呼ばれるゴム製の袋に出し入れすることで，機体全体の浮力(体積)を調整します(**写真5-2**，**図5-4**)．浮上したいときには，ポンプを使ってオイルをブラダに送り込んで機体の体積を増やし，逆に沈降したいときには，ポンプを逆回転させてブラダ内のオイルを機体内部に取り込んで体積を減らします．

5-3　アルゴフロートによる観測方法

● 波間を漂い通信成功率を上げる

アルゴフロートは海に投入されると，まず漂流深度

写真5-2　浮力調整用のブラダ(写真は開発中の新型機のもの)

と呼ばれる水深1000 m付近まで沈降を開始します．その後，10日間ほど漂流したのち，観測最深層である水深2000 mまで沈降し，浮上すると同時に観測を開始します．観測が終了して海面に浮上したアルゴフロートは，GPSにより浮上位置データを取得します．そして，人工衛星（ARGOS）を経由して，陸上のフロート管理者に観測データとGPSデータを電子メールで送信します．

このとき，浮上海域の海象状況が悪いと，通信アンテナが定まらず人工衛星との通信に失敗することが予想されるため，半日～1日程度海面を漂流するように設定しておきます．これにより，より確実にデータを送信できます．

● 1台で3～4年間は観測し続けることができる

図5-5は，アルゴフロートの観測サイクルを示した概略図です．沈降から浮上して通信するまでを1サイクルとして数えます．バッテリの容量や観測サイクルの長さによっても異なりますが，1台のアルゴフロートでおおむね3～4年間は観測し続けることが可能です．例えば，10日間隔で観測を繰り返した場合は約140サイクルの観測が可能です．また，バッテリ寿命が近づいたフロートは，一旦，回収されたのち，整備を行って再び海へ投入されます．

● 国境を越えた継続観測が認められている

アルゴフロートのメリットは，海流に乗って他国の排他的経済水域（EEZ）の中に入ってしまった場合でも，観測し続けることが国際的な枠組みとして許可されていることです．そのため，海洋調査の予算が少ない国の周辺では，ほかの国がフロートを展開して観測空白域をなくす努力をしています．

5-4 アルゴフロートで 地球環境を解き明かす

● 年間100000件のビッグ・データを取得！

全世界で約3900台が展開されているアルゴフロートのデータは，1年間で約100000件を超えるビッグ・データです．フロートから送信されたデータは，人工衛星を経由してフロート運用者に送られ，その後，国際標準として定められた簡易的な品質管理を行ったのち，全球気象通信網（Global Telecommunication System：GTS）を通じて，世界中の気象機関に配布されます．また，同時に全球データ・センタ（Global Data Assembly Centre：GDAC）にもデータが集積されます．

現在，GDACの運用はフランス海洋開発研究所とアメリカ海軍気象海洋センターがそれぞれ行っており，どちらからも全てのアルゴ・データを取得することが可能です．これにより，ほぼリアルタイムで世界中の海の状況を把握することが可能になりました．筆者らは，この全てのデータをリアルタイムで解析する手法を開発し，時々刻々変化する海洋の状況を長期間にわたってモニタリングしています．

● 公開！アルゴ・データの中身

アルゴフロートから送られるデータには，水深2000 mまでの水温，塩分，圧力の他に，フロートのシリアル番号と投入日からの観測回数，および観測年月日と浮上位置を示す緯度・経度が記されています．

図5-6は，2015年2月に日本近海を観測していたフロートの観測結果の一部です．図中のpresは圧力（水深）（pressure：p），tempは水温（temperature：t），psel

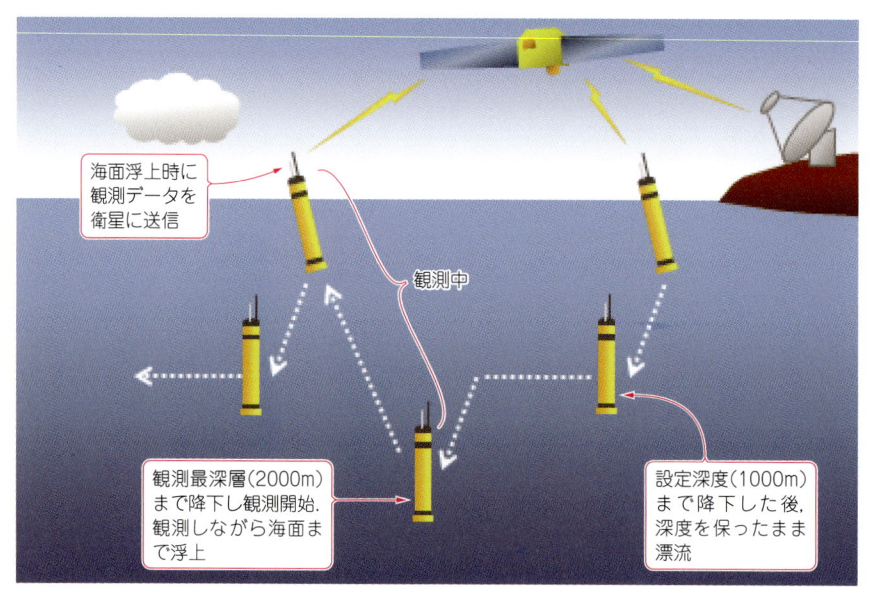

図5-5 アルゴフロートの観測サイクル［出典：Argo，Webサイト（http://www.argo.ucsd.edu/）］

は塩分濃度(Practical Salinity：s)を表しており，その下には深度ごとの観測結果がコンマで区切られて記載されています．このフロートは水深0～200 mまでを10 m間隔で観測し，200 m以深は20 m間隔で観測しています．この観測間隔は，利用者の目的などによって設定を変えることもできますが，観測精度を維持するため，たいていは**図5-6**と同じように設定されています．

● アルゴフロートが解き明かす世界

日本では，アルゴフロートの全データをダウンロードし，海洋の変化をモニタリングするシステムが構築されました．**図5-1**は，取得したアルゴフロートのデータから作成した，太平洋域における2011年1月，4月，7月，10月の海水温の変化(水深2000 mまでの平均)です．黒い点がフロートの浮上位置を現します．

この図では，東経・西経，南緯・北緯を区別するため東経を0～180°，西経を180°～280°，北緯を0～90°南緯を0°～－80°として表しています．こうして観察すると，同じ海域でも季節によって水温が大きく変動していることが分かります．特に，暖かい赤道域でも，年間を通して冬と夏で水温分布が変化していることが分かります．このことから，例えばエルニーニョやラニーニャのような気候変動を捉えることも可能になると考えられます．さらに，微妙に変化する水温変動を長期間にわたってモニタリングすることで，海洋大循環への温暖化の影響も観測可能になると期待されています．

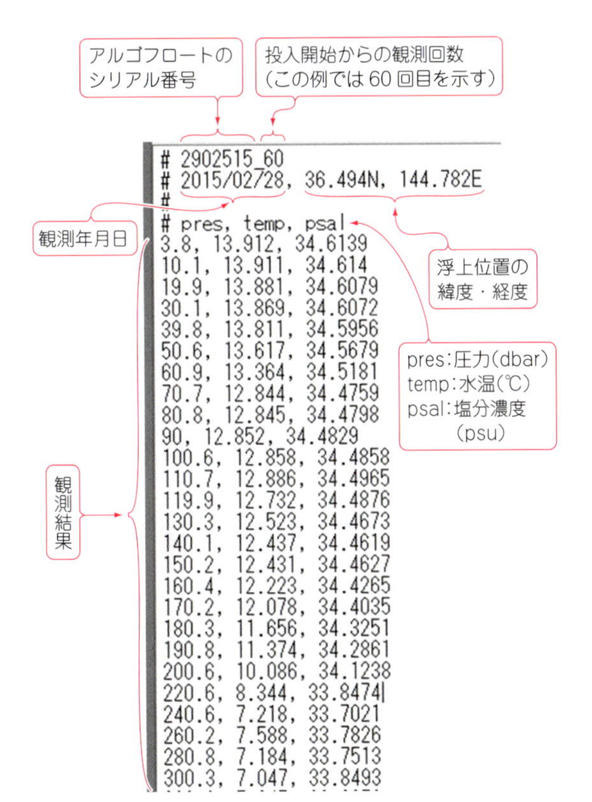

図5-6　アルゴフロートから送られるデータの一例
深度ごとの観測結果がコンマで区切られて記載されている

5-5　アルゴ・データから見る海中の音の世界

アルゴ・データは，全地球的な海洋変動のモニタリングに有効な手段であると同時に，さらに重要な役割も果たしています．電波が通信に使えない海中では，古くから音波による通信技術が用いられてきました．母船が水中の探査機との相対位置を把握するトランスポンダや，海底の地形を計測する測深器，探査機が障害物を検知するソナーなどに広く使われています．海水中での音波の伝搬速度は約1500 m/sとされていますが，海域や深度，季節によって大きく変動します．伝搬速度に誤差が生じると，目標物や海底までの距離にも誤差が出てしまいます．そのため，これらの機器を使用する際には，水中を伝搬する音波の速度を厳密に計測する必要があります．

海中で音波を計測するには，海中で音を鳴らして直接受信する方法と，水温，塩分，圧力から計算によって間接的に計算する方法があります．1980年代には，大掛かりな音響送受波装置と観測船を使って，約1000 kmに及ぶ長距離音波通信を行う実験(海洋音響トモグラフィ実験)が行われてきました．これは，音波が海中を伝搬する際に水中の温度や塩分濃度の影響を受ける性質を利用し，音波の到達時間から伝搬経路上の水温や塩分濃度を逆算してモニタリングするという実験です．しかし，精度の高いCTDセンサを搭載したアルゴフロートが誕生したことで，観測船や大型の実験機器を運用する必要がなくなり，海洋モニタリングは飛躍的に容易になりました．さらに，海中での音速計測もCTDの値から計算により求める方法が主流になりました．

CTDデータから海中音速を計算するには，海水の体積弾性率と密度の平方根で求めることができますが，これらは海水温や圧力によって変化するため，簡単に求めることができません．そのため，様々な研究者が実験に基づく計算式を提唱しており，その中でも国際標準として用いられるのがChen and Millero(1977)の式を基にしたUNESCOアルゴリズムです．詳しい計算手法については，第7章で解説します．

5-6　全球アルゴ・データから読み解く生物への影響

海中音波通信技術は，ROVやAUVなどの海中探査機の海底での位置を確認するのに重要な役割を果たしており，日本の領海を守る潜水艦の探知にも利用されています．また，身近なものでは，クジラやイルカが仲間同士で行うコミュニケーション(エコー・ロケーション)にも音波が使われています．中でもヒゲクジラ類は，繁殖時期になるとアラスカ沖からハワイ諸島まで数1000 kmにも及ぶ長距離通信をするといわれています．この通信には，サウンド・チャネルと呼ばれる音波を遠くまで伝搬する層を使うといわれています．その伝搬経路の解析に役立つのがアルゴフロートです．

サウンド・チャネルは，水温変化が最も小さくなる深度付近に形成され，中緯度海域ではほぼ水深1000 mに存在するとされています．**図5-7**に中緯度海域における音速と水温，塩分，圧力の関係を，**図5-8**にサウンド・チャネルの概略図を示します．**図5-7**を見ると，音速は水温変化の影響を大きく受けるため，水深1000 m付近までは水温と共に音速が小さくなり，1000 m以深では圧力の影響により音速が増大していることが分かります．

この音速が最も小さくなる水深1000 m付近にサウンド・チャネルが形成されます．この層内では音波がゆっくり屈折しながら伝搬し，数千kmもの音波伝搬が可能です．身近なものでは，**図5-8(b)**に示したインターネットなどの長距離データ通信に使われる光ファイバのクラッド内を伝搬する光をイメージすると分かりやすいと思います．

このサウンド・チャネルは海域や季節によって変動しますが，ヒゲクジラ類は何千万年もかけて進化する過程の中で，このチャネル層を使って通信するようになったと考えられています．そのため，近年の急激に進む地球温暖化により海水温が変化すると，海中の音速プロファイルにも影響を与え，結果としてサウンド・チャネルにも影響を与えてしまう可能性があります．これにより，これまで実現していた音波通信ができなくなることが予想され，ヒゲクジラなどの繁殖行動に影響を与える可能性も考えられます．

5-7 アルゴフロートが捉えた！巨大津波の影響

2011年3月11日に発生した東日本大震災では，関東から東北の太平洋沿岸に甚大な被害をもたらしました．しかし，地震発生時に現場海域を観測していた観測船はなく，また，観測ブイや調査船も津波の被害を

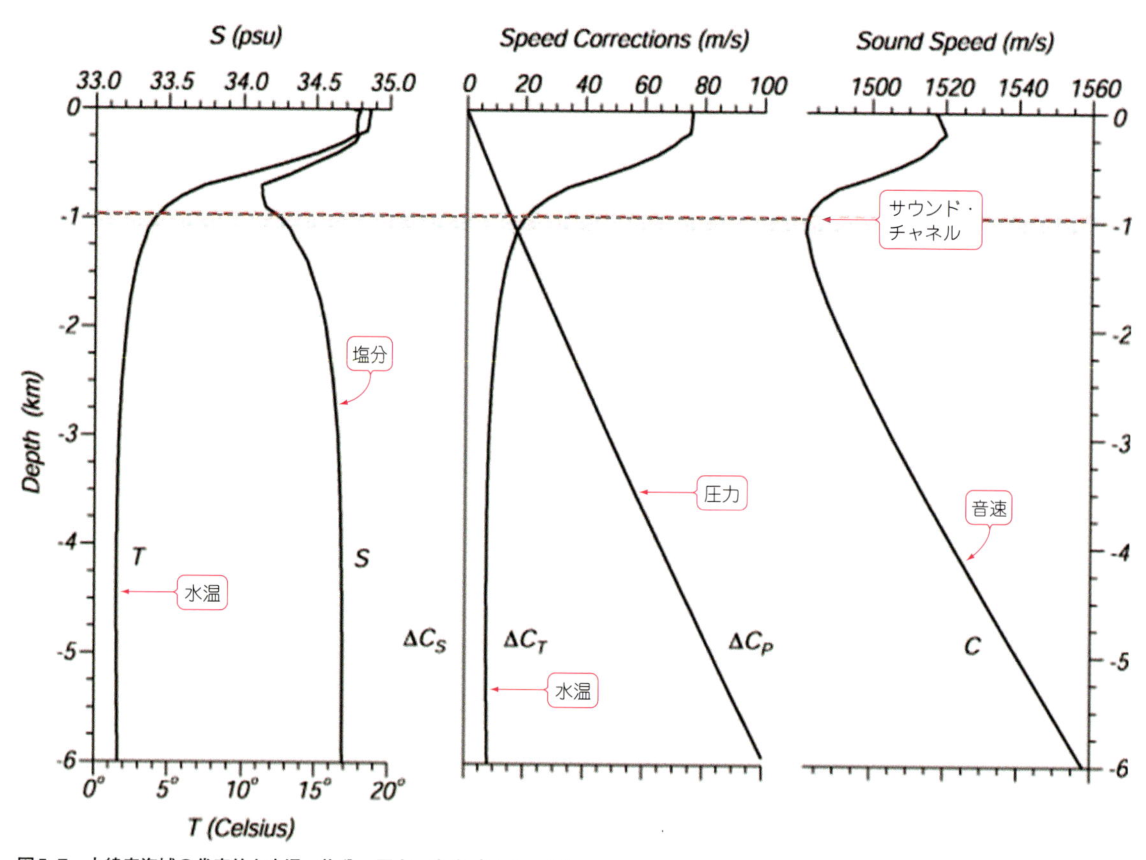

図5-7　中緯度海域の代表的な水温，塩分，圧力，音速プロファイル
(出典：Lynne D. Talley；Descriptive Physical Oceanography，An Introduction.)

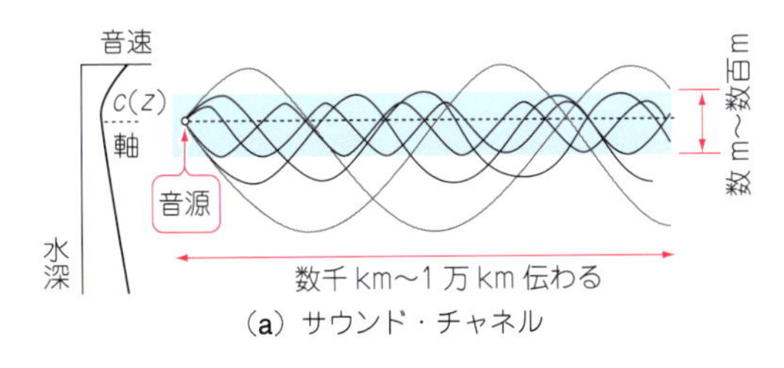

(a) サウンド・チャネル

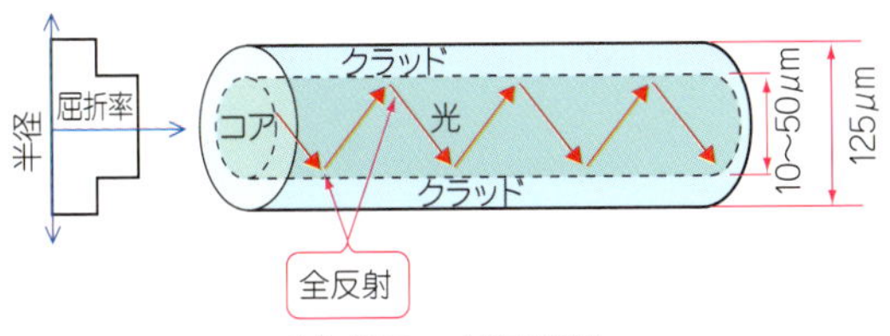

(b) 光ファイバの原理

図5-8　サウンド・チャネルの通信は光ファイバの通信原理と似ている

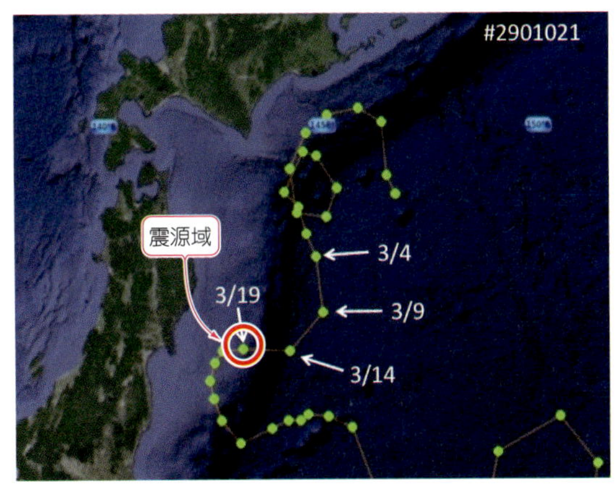

図5-9　東日本大震災の発生前後に震源付近に展開していたアルゴフロート(#2901021)の航跡(出典：海洋音響学会，Vol.42，No.3，2015-7)

緑の点がフロート浮上位置を，赤い○が震源域を示す

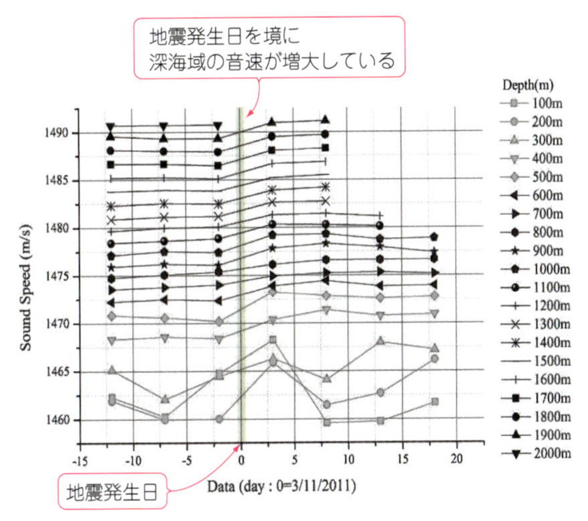

図5-10　アルゴフロート(#2901021)が観測した地震発生前後の音速の変化(出典：海洋音響学会，Vol.42，No.3，2015-7)

横軸0を地震発生日とし，地震以前をマイナス，以後をプラスとして表示している

図5-11　スマトラ島沖地震の前後に震源付近で展開していたアルゴフロートの航跡(出典：海洋音響学会，Vol.42，No.3，2015-7)

受けました．しかし，そのような中でも観測を続けていたのがアルゴフロートです．

図5-9は，地震発生前後に日本近海で展開されていたアルゴフロート(機体番号 #2901021)の航跡図です．3月9日～19日にかけて震源付近を観測していたことが分かります．**図5-10**は，アルゴフロートが震災前後に観測したデータから計算した水中音速の変化です．我々は，このアルゴフロートが観測したデータを回収し，2011年3月11日を0 dayとし，それより前を(−)，後を(+)として地震発生前後の震源付近の音速変化を調査しました．その結果，1年を通してほとんど音速が変化しない水深1000 m以深において，地震発生前後で音速が2 m/s以上も変化していることが分かりました．

さらに，2005年12月に発生したスマトラ島沖地震の際に震源近くを観測していたアルゴフロートのデータを解析したところ，東日本大震災と同様の傾向が見られました．**図5-11**は，地震発生の前後にスマトラ島沖で展開していたアルゴフロートの航跡図です．**図5-12**および**図5-13**は，これらのアルゴフロートのうち，#5900234および#2900357が観測したデータから音速解析した結果です．ここでの経過日時は，2004年12月26日を0 dayとし，それより前を(−)，後を(+)としています．

これらの図を見ると，#5900234の水深600 m(**図5-12**のA点)に着目すると，12月26日の地震発生後に，音速が約2 m/sも大きくなっているのが見て取れます．また，#2900357の700 m(**図5-13**のB点)においても，音速が約1 m/s以上も大きくなっていることが分かります．

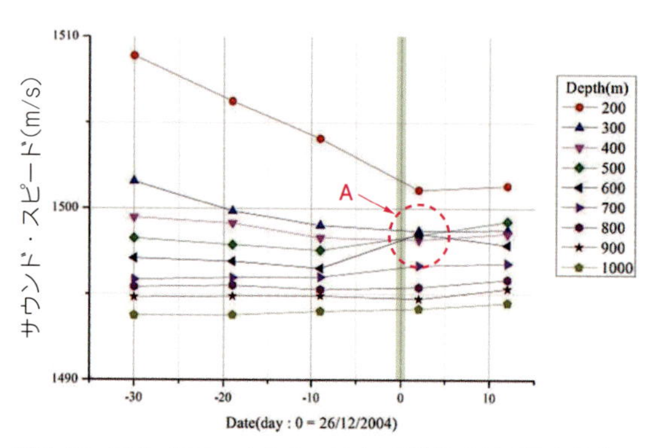

図5-12　アルゴフロート(#5900234)**が観測した地震発生前後の音速の変化**(出典：海洋音響学会，Vol.42，No.3，2015-7)
横軸0を地震発生日とし，地震以前をマイナス，以後をプラスとして表示している

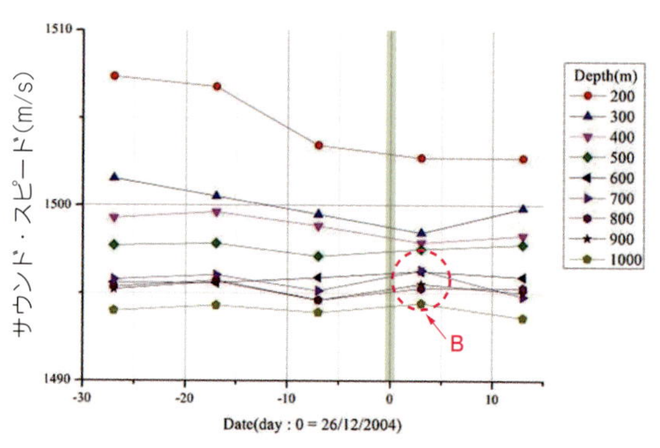

図5-13　アルゴフロート(#2900357)**が観測した地震発生前後の音速の変化**(出典：海洋音響学会，Vol.42，No.3，2015-7)
横軸0を地震発生日とし，地震以前をマイナス，以後をプラスとして表示している

データ数が少ないので明確に断定することは困難ですが，地震による内部波の発生や，津波より水温や塩分の高い水塊が通過(沈降)したことが考えられます．しかし，東日本大震災と同様に，地震発生後の海中音速に変化が観測されことに着目すれば，地震に起因する海洋物理変動が発生している可能性は否定できません．現時点では，津波による変化かどうか断定はできませんが，地震発生前後で深海において音速が変化することが明らかになりました．

コラム4　出力約30000馬力/速力3ノット！ 分厚い氷を切り裂く南極観測船 しらせ の動力源「電気推進システム」

● 発電用エンジンで生成された電力でモータを動かす

近年ではプロペラをエンジンで直接回転させるのではなく，発電用のエンジンで生成された電力でモータを動作させてプロペラを回す方式が増えてきました．これは「電気推進」と呼ばれる方式で，微細な出力調整が求められる海洋調査船などに多く採用されています．

しかし，モータと聞くと巨大な船を動かすには，エンジンよりも力が足りない印象を受けるかもしれませんが，実は，分厚い氷を割って進む南極観測船「しらせ」にも，この電気推進方式が採用されています(**図5-A**)．

「しらせ」は，この電気推進システムにより約30000馬力の出力を生み出すことができ，速力3ノット(約5.5km/h)で航行した場合に，厚さ1.5mの氷でも止まることなく連続的に砕氷できる能力があります．日本の南極観測船では2代目の「ふじ」(1965年～1982年)から電気推進方式が採用されています．

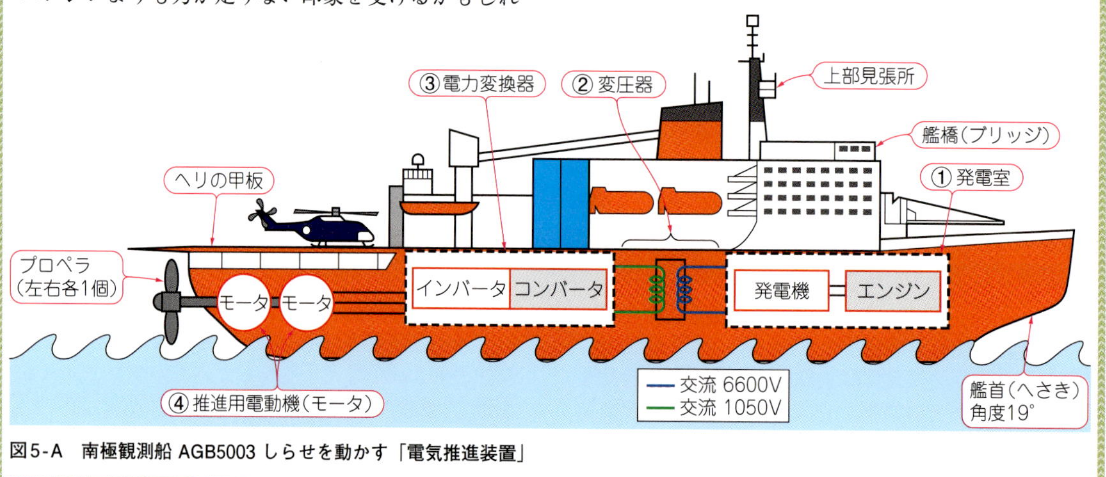

図5-A　南極観測船 AGB5003 しらせを動かす「電気推進装置」

第6章

小型無人探査機ROVのエレクトロニクス

(a) 大型ROV

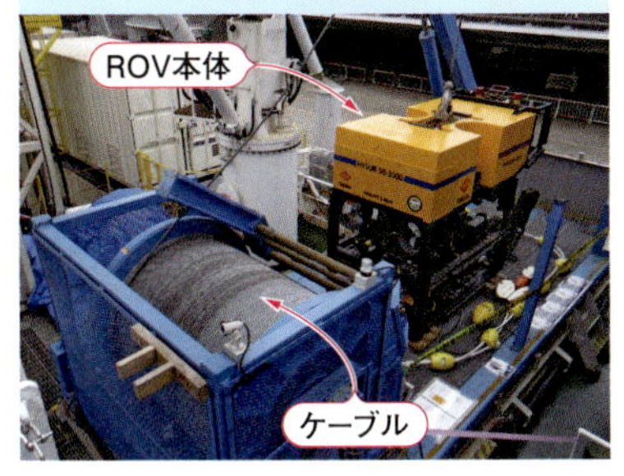

(b) 中型ROV

(c) 小型ROV

写真6-1　無人探査機ROVの大きさによる比較
大型ROV：深田サルベージ建設(株)の調査船に搭載されている3000m級のROV
中型ROV：三井造船が開発した800m級ROV
小型ROV：水族館などで使用されている海外製のROV

これまでに，大型の深海無人探査機に用いられるエレクトロニクスについて紹介しましたが，本章では1人～2人で持ち運べる小型のROV(Remotely Operated Vehicle)について紹介します．

6-1　無人探査機ROVの分類

無人探査機ROVが活躍する場所は性能により様々で，これまでに紹介してきたような超深海で使うものもあれば，比較的浅い海や沿岸域，湖などで使うものもあります．そして，目的によって様々な種類のROVが作られていますが，おおむね大型，中型，小型に分類することができます．

写真6-1に示すように，大型のものから，1人で持てる小型のものまで様々なROVがあります．小型のROVに搭載されているのはカメラや簡単な計測機器のみであるのに対し，大型や中型のROVにはマニピュレータや生物採取装置などの調査・観測機器が多く搭載されています．

これまでに紹介してきたROVは主に大型と中型に該当します．これらの区分に明確な基準はありませんが，1～2人で持ち運べる大きさのROVは小型に該当するといえます．

6-2　小型ROVに搭載する機器

ROVの機体を小型化すると搭載できる機器には様々な制約が出てきますが，性能を犠牲にしては意味がありません．最近ではエレクトロニクスの進化により，従来の小型ROVにはできなかったことができるようになってきました．そこで，小さくても高性能なROVを実現する様々な工夫について紹介します．

小型ROVの主なミッションは，水中の様子を観察することです．大型・中型のROVと違って機体が小さいので，マニピュレータや生物採取装置などの装備を搭載することが難しいためです．多くの小型ROVでは，潜航可能深度が最大で100～300 mほどのため，沿岸域や湖などでの浅い場所での使用がほとんどです．運用には大きな観測船を必要とせず，漁船やプレジャ・ボートからも展開することができます．そのため，軽くて丈夫であることが求められます(**写真6-2**)．

機体を軽くするには，耐圧性能を落とすのが最も簡単な方法です．しかし，それでは潜航できる水深が浅くなり，調査できる範囲も狭くなります．耐圧性能を維持したまま機体を軽量化する方法として，内部の電子回路の軽量化があります．

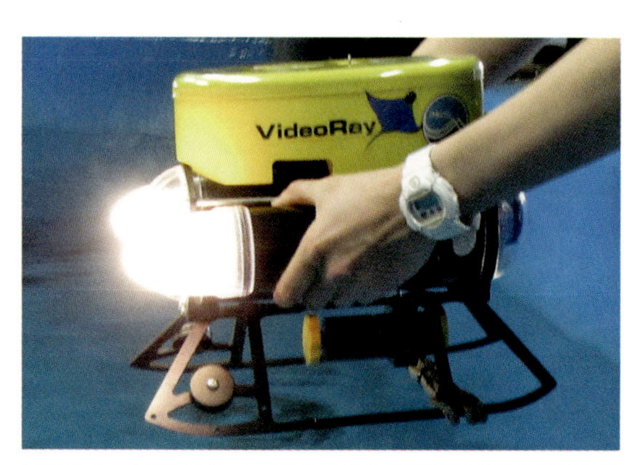

写真6-2　小型ROVはカメラや簡単な計測機器だけを搭載し簡単に持ち運びできる

ROVは，カメラや観測機器が高性能になる従って，これらを制御する回路も増えてしまいます．これはROVに限った話ではなく，陸上の様々な機器でも同じことがいえます．例えば，かつては電話線を使って通信していた音声信号も，パソコンを使ってテキスト・データや映像データを送れるようになったことで，光ファイバを使った高速インターネット通信に進化しました．

音声通信の時代には必要な端末は電話機だけで済みましたが，インターネットでメッセージや映像データを送るには，モデムやパソコン，キーボードやWebカメラなどが必要になります．このように，やりたい機能を増やすことで必要になる機器も増えてしまいます．そのため，小型・軽量化が求められる小型ROVは，機能を絞ったシステム構成になっています．

● 小型ROVに搭載する絞られた機能

水中観察が主なミッションである小型ROVで最も簡単に機能を絞るには，観測機器を簡略化することです．例えば，カメラの解像度を落とすこともシステムの簡略化につながります．アナログ方式のNTSCカメラであれば，高画質なハイビジョン・カメラに比べて必要になる配線は電源用のプラス線とマイナス線と信号線の3本のみで，長距離(最大300 m)であっても映像を送ることが可能です．

これに対し，ハイビジョン撮影が可能なUSBカメラなどは，USB機器の伝送距離は5 m程度であり，HDMIケーブルに変換しても10 m程度が限界です．市販のレピータ・ケーブル(信号増幅器を内蔵した延長ケーブル)を使っても数10 mまでしか映像を送ることができません(現在は20 m以上伝送できる製品も市販されている)．そのため，従来の小型ROVではシステムを簡略化するため，NTSCカメラを用いたものが主流でした．これは，2011年の地上デジタル放送が開始されるまでは，テレビやモニタはアナログ方式が主流であったこともあり，NTSCのカメラでも十分に水中を観察することができたことも理由の1つです．

● 映像機器のディジタル化と光ファイバによる伝送

近年になると，さまざまな機器がディジタル化されていきますが，ROVの映像も鮮明でなければ十分な観察ができないというケースが増えてきました．特にこういった要望は，生物学や地質学の現場から多く上がり，生物や地形の色や形状を鮮明に映し出すことが求められました．

大型探査機では，すでにハイビジョンに対応したものもありましたが，小型ROVでは前述したような理由により対応が遅れていました．そこで，ハイビジョン・カメラを搭載した小型ROVの開発が検討されました．ハイビジョン・カメラの出力に用いられるHD-SDIは，非圧縮のフル・ハイビジョン映像を1.485 Gbpsで伝送しますが，メタル信号線では長距離の伝送ができないため，光ファイバを使う必要があります．しか

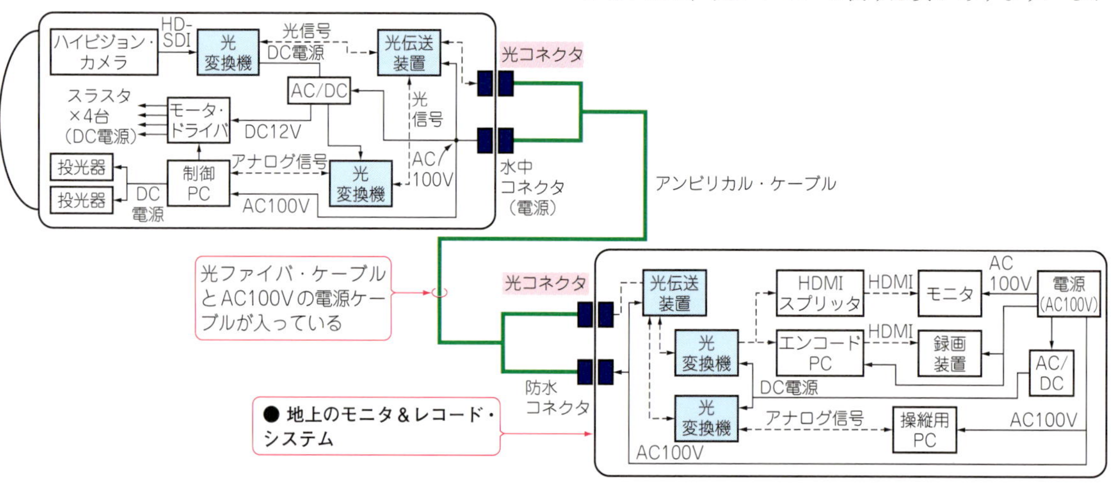

図6-1　光ファイバを使ってハイビジョン映像を伝送するROVのシステム構成

し，カメラからの出力は電気信号であるため，撮影した映像を光信号に変換するには，光変換機（コンバータ）が必要になります．これは，インターネットを利用する際に，パソコンのデータを光信号に変換するのと同じ原理です．

光信号に変換された映像データは，様々な制御信号を一括して伝送する光伝送装置に入力され，ROVと操縦装置を結ぶアンビリカル・ケーブルを使って船上（陸上）に伝送されます．アンビリカル・ケーブルには，光通信用の光ファイバの他に，ROVに電力を供給する電力線が含まれています．

光ファイバは非常にデリケートなため，曲げ半径を誤って扱ったり踏んでしまったりすると内部でファイバが折れてしまうため，予備のファイバが何本か通っている場合もあります．アンビリカル・ケーブルを通って船上（陸上）の操縦装置まで送られてきた光信号は，操縦装置内の光伝送装置に入力され，再び光変換機によって光信号をディジタル信号に復元し，ハイビジョン映像としてモニタに映し出すことができます（**図6-1**）．

6-3　HDMIレピータを使って映像を送る

光変換機と光伝送装置を使うことで，大容量のハイビジョン映像だけでなく，機体を制御する信号や観測データもリアルタイムで長距離伝送できるようになりました．一方で，システムが複雑化して従来のような小型の機体には収まらなくなります．さらに，光伝送装置はコストが高くなるため，ROVの開発費にも影響します．そこで筆者は，光変換機や光伝送装置，光ファイバを使用せずにハイビジョン映像を取得するROVの開発に，2011年から取り組んできました．

ROVに搭載するカメラには，市販品の小型ハイビジョン・カメラを使います．そして，**図6-2**に示すようにカメラのHDMIポートから出力される映像を，HDMIレピータを使って船上操縦装置に伝送します．最近では，HDMIレピータは300 m以上も延長できるものが販売されています．

● HDMIレピータとは？

HDMIレピータはその名のとおり，HDMI信号を増幅して従来よりも長距離伝送する装置です．HDMI信号を変換し，IPデータ通信に対応した同軸ケーブルを使って伝送します．このレピータは，小型のものはRaspberry Piほどの大きさしかありません．電源もDC 5～12 V程度で動くため，ROV内部に大きなAC/DCコンバータを搭載する必要もありません．変換された信号は，同軸ケーブルを使って船上装置側に設けられた受信機に送られます．受信機のHDMI出力ポートに外部モニタを接続するだけで，リアルタイム映像を見ることができます．また，HDMIスプリッタを使うことで，信号を分配することも可能です．

HDMI信号をそのまま録画できるレコーダに入力することで，映像を記録することができます．光通信方式で送られる非圧縮のハイビジョン信号をDVDやHDDレコーダに記録する際には，記録可能な映像信号（H.264やPMEG-4）に変換する必要があり，船上操縦装置に負荷が掛かるため，エンコード専用の高性能なパソコンを設ける場合があります．しかし，このレピータ方式ではHDMI信号をダイレクトに録画装置に入力できるため，操縦装置に負荷を掛けることはありません．

● ハイビジョン映像で鮮明に観察可能になった

ハイビジョン映像を取得できるようになったことで，深海の様子が鮮明に分かるようになりました．**写真6-3**は，NTSC（相当）の画像とハイビジョン画像の比較です．ハイビジョン画像では，方位計の文字盤の数値をハッキリと読み取ることができます．

このように，これまでの映像では潰れてしまってい

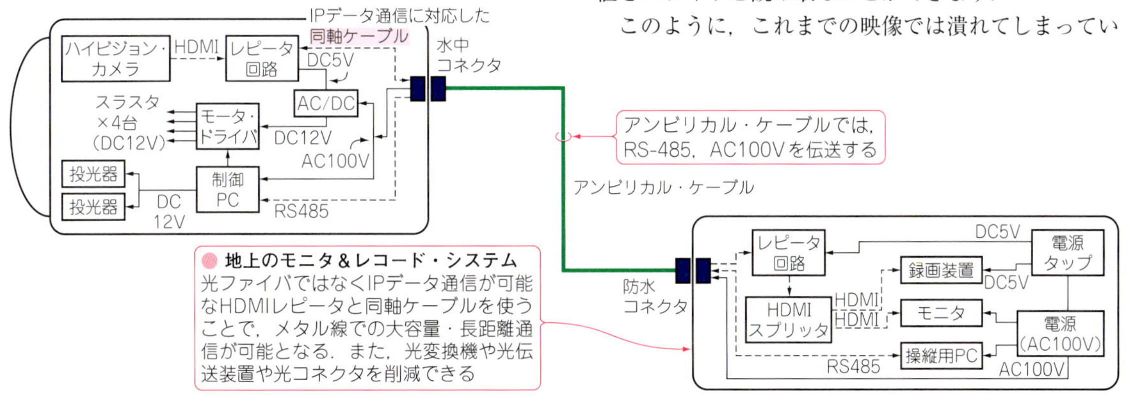

図6-2　レピータ方式を用いたROVのシステム構成
長距離通信にIPデータ通信に対応した同軸ケーブルを用いることで，光変換機や光伝送装置，光ファイバを使わずにハイビジョン映像の長距離伝送が可能になった

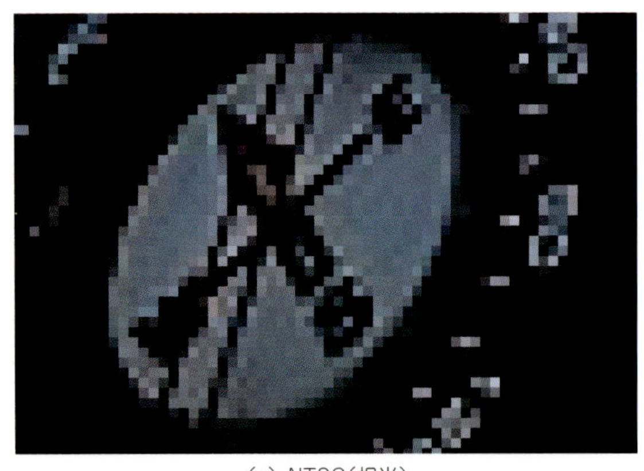

(a) NTSC(相当)

(b) ハイビジョン

写真6-3　NTSC(相当)の画質とハイビジョン画質の比較

た細かな部分まで見れるようになりました．これにより，海底の石の質感や深海生物のヒレの形状などを読み取ることができるため，映像から種類を判別する際に役立ちます．さらに，カメラをプログレッシブ方式にすることで，撮影した映像から静止画を作成することもできます．これは，静止画を撮影するスチルカメラを別に搭載する必要がなくなるため，システムを軽量化することができます．

コラム5　水中ロボットの動力部に施される防水対策

● シャフトからの浸水を防ぐ！

船舶や水中ロボットに使用されている推進器は，モータの内部に水が浸入しないように，次に示すような対策がとられています．

▶モータの内部に水が浸入しないしくみ

(1)軸シール

シャフトの周りにゴム製のリングなどを取り付けて水の浸入(内部の油の漏えい)を防ぐ．メカニカル・シールやグラウンド・パッキンなどと呼ばれる．

(2)スタンチューブ

シャフトの周囲を水より粘性の高い油(グリスなど)の入った箱で覆うことで水の浸入を防ぐ．スタンチューブ単体では完全に浸水を防ぐことはできないため，軸シールと併せて用いられることが多い．

(3)マグネット・カップリング

磁石の引き合う力を利用して，外側に設置されたプロペラなどを回転させるしくみ．両者の先端部に磁石を取り付けておくことで，モータの回転をプロペラに伝達することができる．シャフトで接続する必要がないためモータを完全に密閉することができる(**図6-B**)．

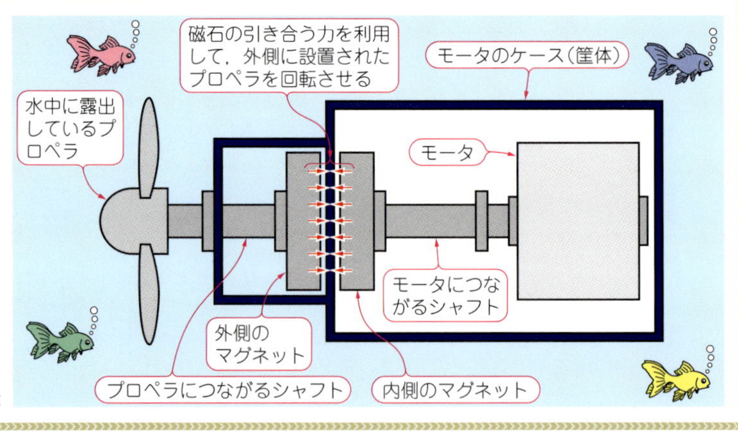

図6-A　マグネット・カップリングの構造

第7章

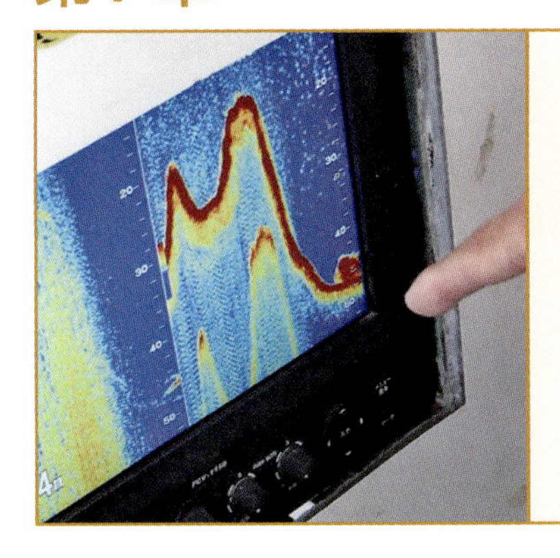

水中探査機を使った様々な海洋調査

前章までは，さまざまな水中探査機のエレクトロニクスについて紹介してきました．水中探査機には様々な種類があり，多くの分野で活用されています．そこで本章では，これらの水中探査機が実際に使用されている海洋調査について紹介します．

7-1　水中探査機を使うメリット

水中探査機を使用する最大のメリットは，普段は見ることのできない水中の世界を容易に見られるようになることです．レジャー・ダイビングや素潜りでは，潜れる深度や時間に限界があります．浅い海なら人が潜ることが可能ですが，潜る深度によって潜水可能な時間が法律で定められています．さらに，水中で作業を行うには「潜水士」という国家資格を取得しなくてはなりません．

水深30 mでは，だいたい30分程度しか潜っていることができません．近年，流行りつつあるリブリーザなどの特殊な潜水機材を使っても，深海と呼ばれる水深200mを超える場所で生身の人間が作業や調査をす

写真7-1　アメリカの企業が開発した小型ROVとケーブル
小型の船にも搭載できるようにコンパクトな設計になっている

ることはできません．人は，深い場所での潜水時間が長いと急激な気圧の変化が起こった場合に，減圧症と呼ばれる病気になる危険性があります．急激な上昇を行った場合に，体内に溶け込んだ窒素ガスの排出が追い付かなくなり，血管内に気泡が発生して血液の流れが止まり，最悪の場合は死に至ります．かつては深い場所に潜水した場合にのみ起こると考えられていましたが，近年ではシュノーケリングなどの浅い場所での潜水でも事故が増えています．また，浅い場所でも，冬場や冷たい海などに潜る場合には，ドライスーツに身を包むなど，身を守る装備が必要になります．そのため，効率的かつ安全に水中調査をする手法として，AUVやROVなどの水中探査機が活用されています．

7-2 様々な調査で活躍する水中探査機

水中探査機は，調査の目的やミッションにより様々なものが開発されています．その中でも広く利用されているのが，水深100～300 m程度を調査可能な探査機です．軽量かつコンパクトなシステムであるため，小型の漁船などでも使用することができます．

写真7-1は，アメリカの企業が開発した小型ROVです．ROV本体の重さは空気中で約13 kg，水深300 mまで潜航が可能です．人と比較すると，その小ささが分かります．小型ですが高出力スラスタを搭載しているため，強い潮流の中でも自由に動き回ることができます．

カメラは，水平方向270°の範囲を見渡せるものを搭載しています．さらに，暗い海の中でも対象物を照らし出す2台のLEDライトも搭載しています．ライトにはディマー機能があり，明るさを調整することができます．1人で持ち運びできるほどの大きさです．

ROVとの相対位置を把握するための音響測位装置も搭載されています．**図7-1**に示すように，ROVに搭載された音響測位装置から発信された音波を，船に取り付けた受波器で受信し，水中でのROVの位置を割り出します．ROVをコントロールする船上装置にはD-GPS(Differential GPS)が搭載されているため，船とROVとの相対位置から発見した対象物の正確な位置を海図上にプロットすることができます．ケーブルは約8.9 mmととても細く，光ファイバと電力線が入った複合ケーブルとなっています．

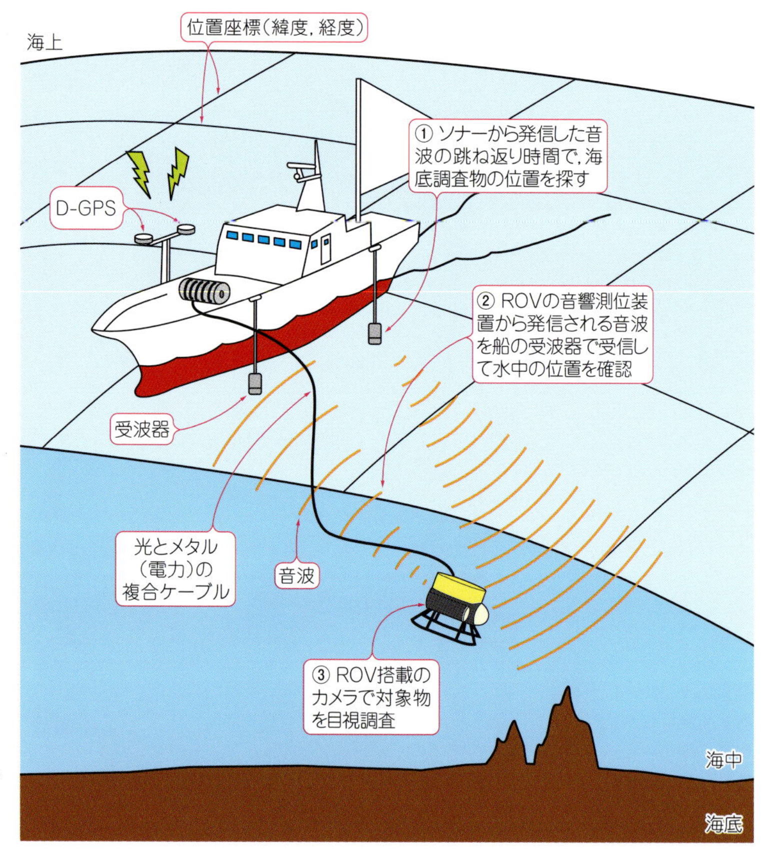

図7-1　小型ROVの音響測位のオペレーション
船とROVの相対位置は音波を使って把握する

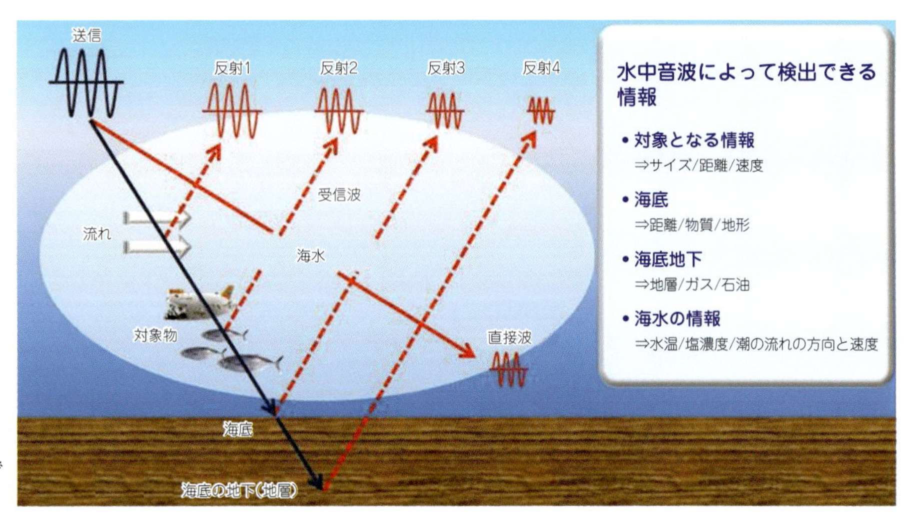

図7-2　水中音波で検出できる情報

7-3　水中調査のカギを握る様々な音響機器

水中では電波をほとんど利用できないため，水中探査機の多くは音響機器(SOund NAvigation and Ranging：SONAR)を利用しています．SONARは，**図7-2**に示すように音波を海中に放射し，様々に反射してくる音波を受信するか，直接波を受信することによって調査・観測する機器です．これによって，海底の地形や海底下の地層，魚群や海中航走体探知，海流の流向・流速などの様々な調査ができます．それだけではなく，海中探査機の位置確認や通信にも音波が利用されています．

近年，調査・研究が進む海底資源の分布状況や生物相変化を把握するには，調査地点の正確な位置情報が重要です．そのため，AUVやROVによる海底調査が盛んになっていますが，電波が使えない海水中ではGPS(Global Positioning System)やLORAN C(Long-Range Navigation C)による位置測位ができません．したがって，海中探査機の多くは，慣性航法装置

▶船を使用したROVの運用では，クレーンを使ってROVを海面に着水させます．このとき，船が揺れているとROVが船体に激突して破損することがあるため，着水作業は波のタイミングを見計らって行います．
写真は2019年２月に東京海洋大学の実習船で行った試験の様子です．

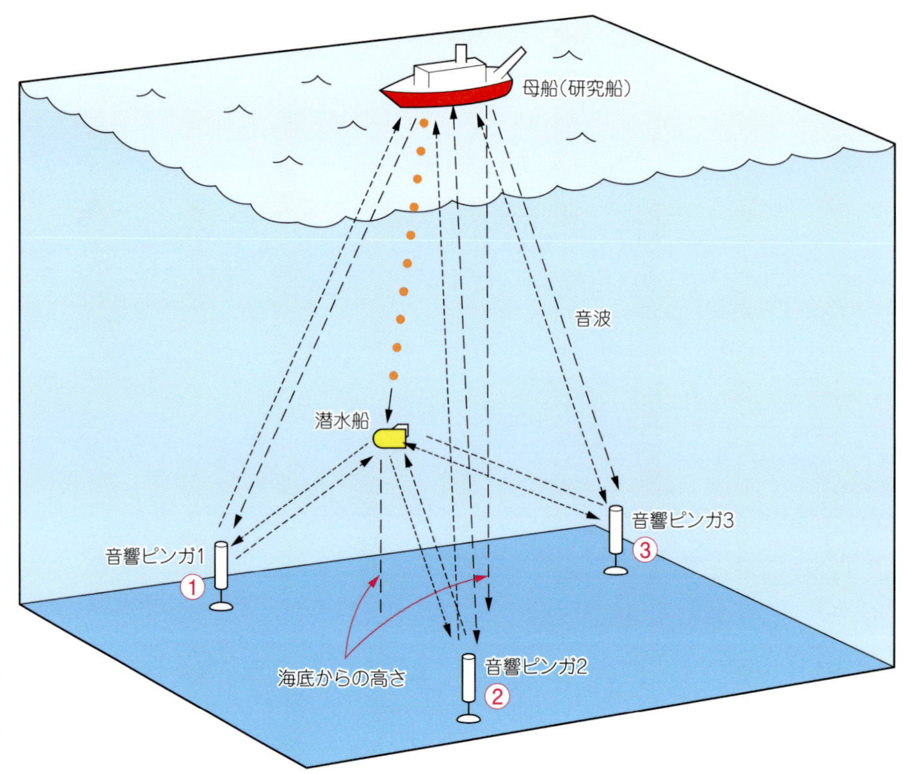

図7-3　水中用音響測位システムの概略
海中では電波ではなく音波を使って位置を特定している

(Inertial Navigation System：INS)などの情報を基に自機の位置を計算します．

しかし，INSは積分誤差が生じることから長時間に及ぶ調査では位置測位精度が低下します．さらに，人が乗り込んで直接操縦する有人潜水船では，トラブル発生時に人命が危険にさらされる可能性があるため，母船との相対位置を常に正確に把握する必要があります．AUVのような自律型無人探査機においても，母船と通信できなくなることで探査機亡失につながる恐れもあります．そこで**図7-3**に示すように，海中探査機の多くは母船と音響通信を行うことで，GPSの使えない深海底においても自機の位置を正確に把握することができるようにしています．

一般に，音響機器による位置測位航法には，SSBL(Super Short Base Line)やLBL(Long Base Line)と呼ばれる航法が用いられます．これは，母船や探査機に設けられた音響送受波器から放射された音波の伝搬時間から位置測位を行う手法です．母船と探査機の相対位置を容易に把握できることから，一般的な音響測位方法としてAUVやROV，有人潜水船に広く用いられています．

海中での音響測位航法には，音波の伝搬時間(音速)の計算が不可欠です．世界の海洋の音速は，だいたい1450～1550 m/sですが，簡易的な計算には1500 m/sが用いられます．しかし，地球上の7割を占める海洋では，極域から赤道までの様々な海域，季節，深度，時間によって，水温や塩分濃度が異なるため鉛直方向の音速分布(音速プロファイル)が変化します(**図7-4**)．

そのため，音響測深器などを使って深度計測を行う場合や，AUV・ROVなどの海中探査機の位置を計測する場合には，調査を開始する前に投下式水深水温計(eXpendable Bathy Thermograph：XBT)や投下式水温・塩分計(eXpendable Conductivity Temperature Depth profiler：XCTD)などを用いて，調査海域の水温や塩分データを計測し，この値から平均音速を算出することによって，測深や測位の精度向上を図っています(**写真7-2，写真7-3**)．

ところが，海域や季節によって変化する音速プロファイルを海洋全域にわたって実時間で把握することは極めて困難であり，過去の観測データや統計データに拠(よ)らざるを得ません．しかし，これらの過去のデータはあくまで統計データです．現在の海洋の状況を表しているわけではなく，近年，急激に進行している地球温暖化による海水温上昇の影響なども考慮されていません．

また，大地震などの地殻変動に起因する底層水変化や津波などが，水温や塩分濃度の分布に影響を与える可能性も無視できません．そのため，過去の統計データでは，近年の気候変動や突発的イベントに起因する海洋環境変動を詳細かつリアルタイムで捉えることは

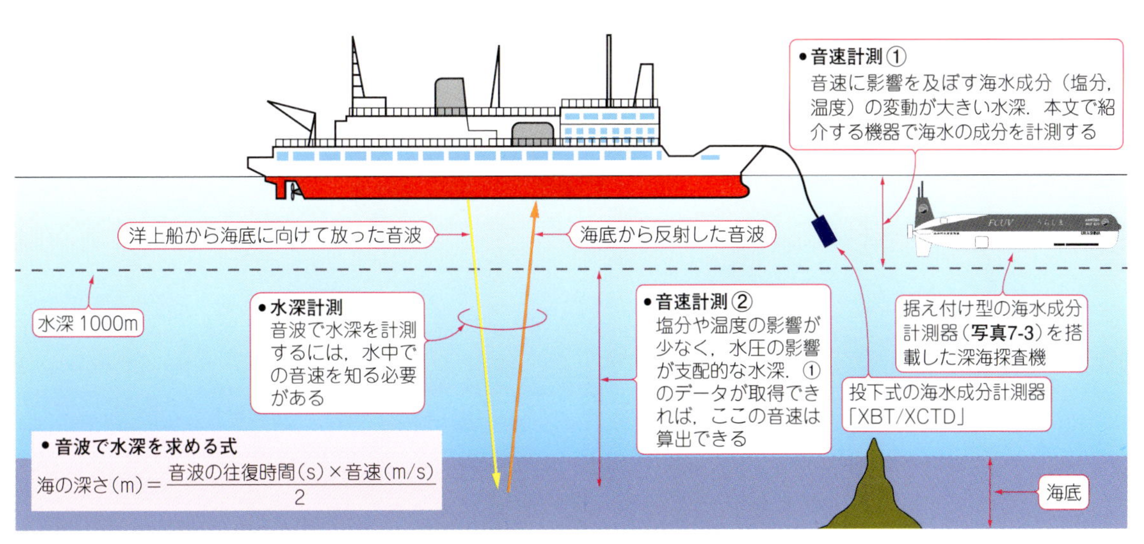

図7-4　音波を使った水深計測には音速の情報を知る必要がある
水中での音速を算出するために，水深1000 mまでの塩分濃度/水温/圧力などの海水成分データを計測する

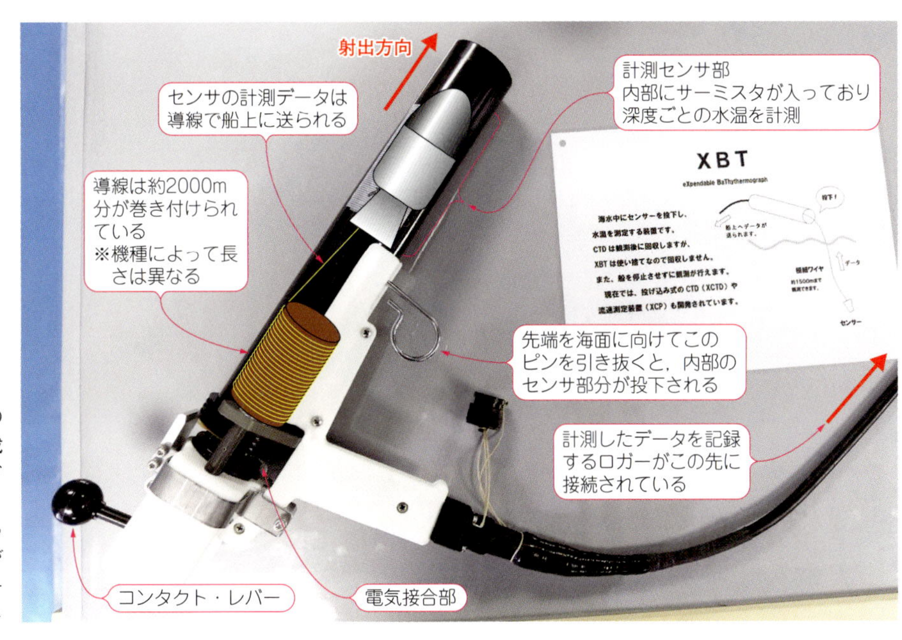

写真7-2　東京海洋大学の実習船「海鷹丸」に搭載されているXBTのハンドランチャ
コンタクト・レバーを下げると内部の電気接点部と導線が導通してセンサ部の計測データがロガーに送られるしくみ

不可能といえます．そのため，第5章で紹介したように，海洋自動観測フロートなどの観測データ（水温，塩分濃度，圧力）から，直近の海中音速を求める方法もあります．

海水の成分を計測する機器は小型化が進み，海洋生物に取り付けることが可能になりました．特に，生物の生態を知るうえで，水温や塩分，深度などの情報は重要です．かつては，クジラやアザラシ，サメなどがどのような海域でどのようなエサを食べているかなどを調査するには，生物を追いかけて観察するしか方法がありませんでした．

しかし，最近では生物の行動に影響を与えない，人の親指くらいの大きさのCTD計やカメラが開発されています．このような小型のデバイスが開発されたことで，現在では生物に直接取り付けて生態調査に必要な情報を記録する「バイオ・ロギング」と呼ばれる方法が主流になってきています．

写真7-4は，ジンベイザメに取り付けるデータ・ロガーです．多くの場合，発信機が内蔵されており，GPSなどで生物が海面に浮上した位置などを知ることができます．さらに，小型化・軽量化することで，ペンギンなどの小さな生物にも取り付けることができます．**写真7-5**は，南極のアデリーペンギンなどの調査に用いられるバイオ・ロギング用のデータ・ロガーです．

写真7-3　ROVやAUVなどの深海探査機に搭載して，海水の成分を計測する小型の据え付け型「CTD計」

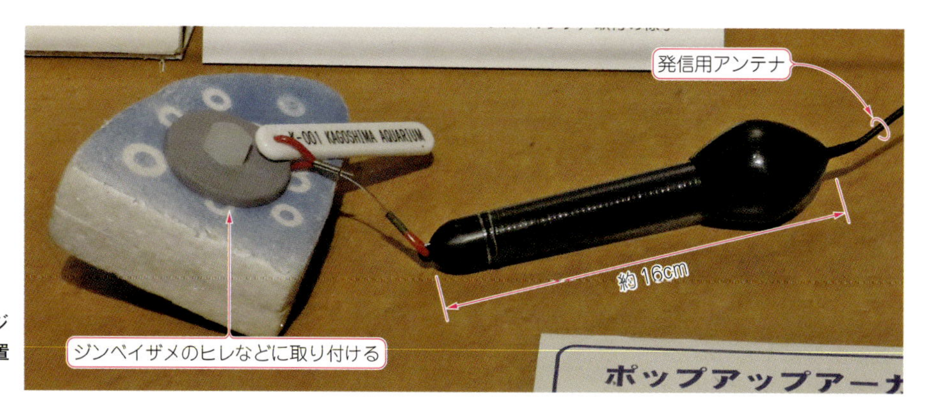

写真7-4　生態調査用にジンベイザメに装着する位置情報発信機

写真7-5　アデリーペンギンなどバイオ・ロギングに用いられるデータ・ロガー（一番小型のものは大人の親指程度の大きさ）

7-4　音速プロファイルと海中音波伝搬特性

海水中での音速は体積弾性率と密度の比の平方根で表すことができますが，海水の体積と密度は海水の組成，水温，圧力などによって変化するため，簡単な式では表すことは困難です．音速cは水温T，塩分濃度S，圧力Pをパラメータとした関数であり，式(7.1)のように表せます．

$$c = f(T, S, P) \quad \cdots\cdots式(7.1)$$

一般的に，圧力Pは水深Dに換算して使用することが多く，音速cは水深1000 mにおいては水温1 ℃当たり約4.6 m/s，塩分濃度1‰当たり約1.15 m/s，水深

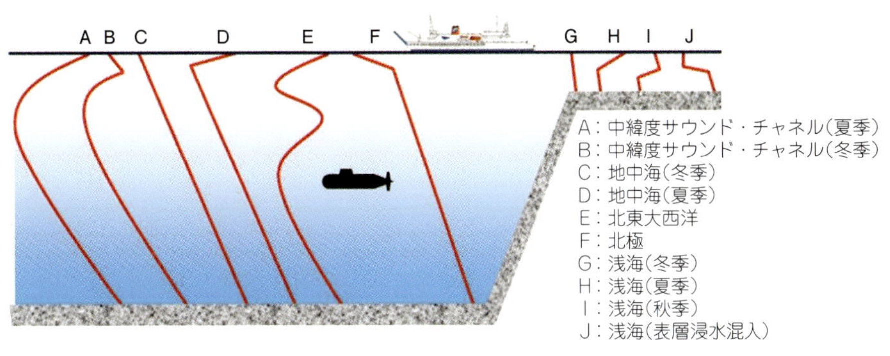

図7-5　音速プロファイルの概略
(出典：Lurton Xavier；"An Introduction to Underwater Acoustics: Principles and Applications, second edition", Springer Praxis Publishing, London, UK, pp.41, 2010.)

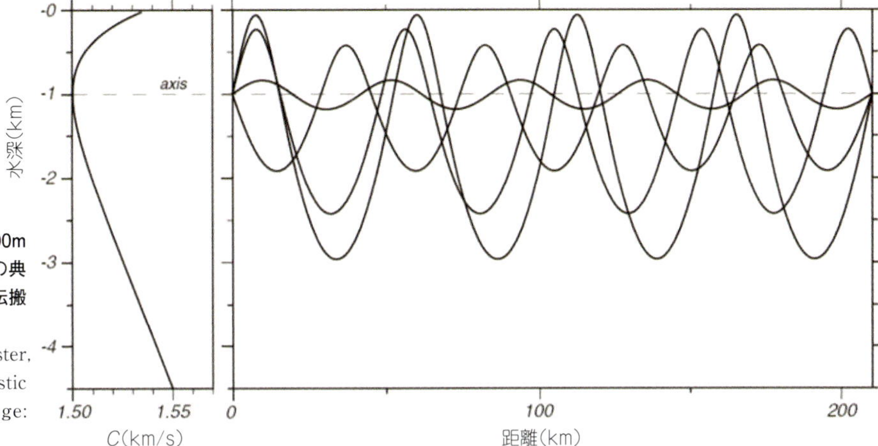

図7-6　中緯度の水深1000m付近に音源を設置した場合の典型的な音速プロファイルと伝搬経路
(出典：Munk W, P. Worcester, C. Wunsch；"Ocean Acoustic Tomography.", Cambridge: University Press.1995.)

1 m当たり約0.017 m/s変化します．そのため，海水温や塩分濃度の高い海域や深海域では，他の場所と比べ音速が大きくなります．例えば，中緯度付近の海域での水温は，水深が大きくなるに連れて徐々に低下し，水深1000 m以深の主温度躍層や深海等温層では1～2℃程度で一定になります(**図7-5**)．

音速もこの深度までは水温の影響により徐々に小さくなりますが，大深度では圧力の影響により音速が大きくなります．その結果，音速が最小となる層(サウンド・チャネル)が形成されます．しかし，音速プロファイルは海域や季節，時間によって変化するだけでなく，海洋上部の表面混合層では日射量や風浪などの影響により，水温と塩分濃度が季節変化や日変化を起こします．

水深1000 m以深では水温がほぼ一定となることから，圧力の影響が卓越して音速が漸増します．このような音速プロファイルの海域において音源をサウンド・チャネル内に設置すると，音波は主にサウンド・チャネル内を伝搬し，海面や海底にあまり到達しません．そのため，海面や海底などの境界における散乱や減衰の影響をあまり受けることなく，サウンド・チャネル内を繰り返し屈折しながら長距離まで伝搬します．

チャネル軸上に設置した音源から上向き($+\theta_0$)に放射された音線は，屈折して軸上に戻り，次に下向きに進行しますが，再び屈折して軸上に戻り，さらに上方と下方で屈折を繰り返しながら伝搬します．これは極めて特殊な伝搬路であり，サウンド・チャネルは自然界の光ファイバにたとえられます．

図7-6は，Munk(1995)によって示された中緯度の水深1000 m付近に音源を設置した場合の典型的な音速プロファイルと伝搬経路です．このチャネル内を伝搬する音波は，減衰が小さいことから非常に遠くまで伝搬し，低周波の音波では地球を半周することが知られています．このことから，サウンド・チャネルは，潜水艦の長距離探知や海洋音響トモグラフィなどに利用され，ヒゲクジラなどの海棲哺乳類などが仲間同士でコミュニケーションを取る際にも用いるとされています．そのため，地球環境変動に起因して軸深度が変わることは，これら長距離音波伝搬経路などに影響を与える可能性が考えられます．

7-5　音速変換式による海中音速の算出

海中での音速変動は，約1450～1550 m/sです．海中音速は，音速計などの計測器を用いて直接観測するほか，海水温や塩分濃度，圧力から計算式により求め

表7-1 Del Gross, Mackenzie, Chen, Milleroの各計算式における音速を計算した結果の差異

水深［m］ 水温［℃］ 塩分濃度［‰］	100 15 34	1,000 3 34	6,000 2 34
Del Grosso	1507.1 m/s	1477.2 m/s	1558.8 m/s
Mackenzie	1507.1 m/s	1477.4 m/s	1560.1 m/s
Chen & Millero	1507.2 m/s	1477.5 m/s	1558.8 m/s

る方法があります．しかし，これらは海水の温度，圧力によって変化するため，その関係は複雑であり，水温T，塩分濃度S，圧力Pを変数とする実験式からしか海中音速c(m/s)を求めることができません．

一般的に，圧力P(MPa)は水深DかZ_S(m)に換算されることが多く，Leroy-Parthiotの式が広く用いられています．この式は，水温0℃で塩分濃度35％の理想媒質である標準海水において精密な式です．また，海中音速cの換算式としては，船上の電卓などで使う簡易式としてWilson(1960)，Medwin(1975)，Coppens(1981)やMackenzie(1981)などが知られており，コンピュータが利用できるようになってからは，より精度の高い厳密式としてDel Grosso(1974)やChen and Millero(1977)などの様々な実験式が利用されています．国際的な標準アルゴリズムとしては，UNESCO(Chen and Millero：1977)の音速変換式が広く用いられています．

表7-1は，Del Gross, Mackenzie, Chen and Milleroの各式における音速計算の差を比較するため，水深100 m，1000 m，6000 mにおける音速を計算した結果です．この表から，Mackenzieの簡易式とChen and Milleroの厳密式では深海域において差が大きくなりますが，その差はわずかのようにみえます．しかし，このわずかな差が，数1000 kmを越えるような長距離音波伝搬では大きな差となって現れます．

7-6 水中音波を使った海底の調査

水中での音波の速度と到達時間が分かると，目標物までの距離を算出することができます．この性質を利用して，ソナーを使った水中調査が行われています．ソナーは，SOund Navigation And Rangingの略語で，水中を伝搬する音波を用いて距離などを計測する装置の総称です．

身近なものでは，魚群探知機も水中音波を使った機器の1つです．魚群探知機は，おおむね50k～200 kHzの音波を船から発射し，魚の群れや海底で反射した音波を船上のディスプレイに表示します．音波を発射してから反射波が返ってくるまでの時間を計測することで，魚の群れがいる深度や海底の地形が分かります．

● 水中音波で宝探し！

水中音波は詳細な海底地形図を計測できるため，海底遺跡などの調査にも活用されています．例えば，新聞などで金貨を積んで沈んだ船を発見したニュースを目にすることがあります．しかし，大きな船であっても広大な海の中で，しかも光の届かない海の底から探し出すことは大変です．そこで水中の遺跡調査では，**図7-7**に示すように洋上の船から音響測深器を使って海底地形を調査します．GPSを使って船の位置を記録することで，海底遺跡を発見した際の目安になります．

写真7-6は，海底遺跡調査の際に魚群探知機に映った海底の突起物です．色が濃く表示されている部分はソナー反応が強い部分です．海底の内部までは音波が届かないため，海底の表面部分のみが濃く表示されています．この海域では，海底に山のような地形があり，急激に水深が変わっていることが分かります．さらに，

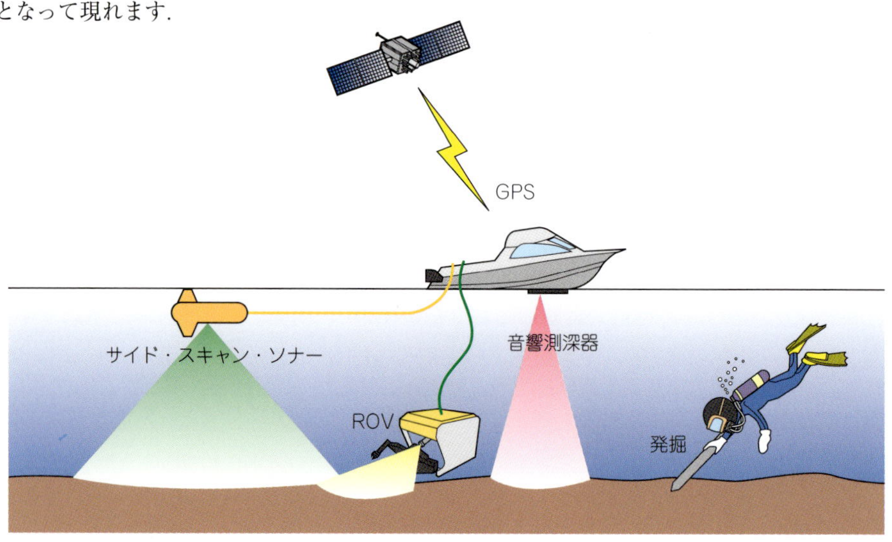

図7-7 水中遺跡調査の概念

山の斜面の水深45 m付近の海底には，海底地形とは異なる約3 mの突起が出ているのが見て取れます．これは過去に沈没した船である可能性が高いということが分かり，今後，調査を実施する予定です．

次に，測深器の画像に特異な反応があれば，サイド・スキャン・ソナーなど曳航式の音響計測機を使って詳細な形状を調べます．サイド・スキャン・ソナーは海底近くまで潜らせることができるため，測深器よりも高い解像度の画像を得ることができます．**図7-8**のように船尾から曳航して使用します．

種類によって計測できる深度や範囲は異なりますが，KLEIN社製のSYSTEM-3000では，130k～455kHzの音波を使用します．周波数が高くなると音波の届く距離が短くなるため，計測可能範囲は小さくなります．この音波計測可能な範囲をスワスと呼び，130 kHzではスワス幅は約900 m，445 kHzでは約300 mとなります．

ソナーによって海底の状況が分かると，ROVを使って実際の映像で確認します．このとき，ROVにマニピュレータが搭載されていれば，発見した遺物を持ち帰って年代を分析することもできます．また，浅海であれば実際に人が潜って発掘や記録などの調査を行うこともあります．ただし，水深によって潜水可能時間が定められており，水深が深くなるに従って海底での作業時間は短くなります．さらに，海底での長時間の作業は潜水病を引き起こす危険性があることから，近年では作業員の安全を確保するためにROVを使って調査効率を上げる検討がされています．

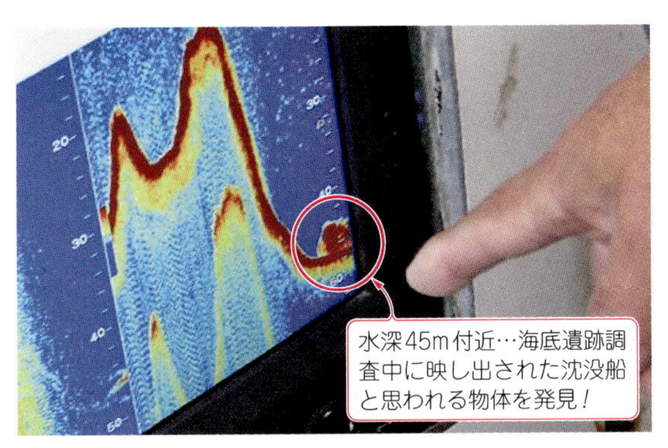

写真7-6　魚群探知機に映し出された海底地形と特異な構造物

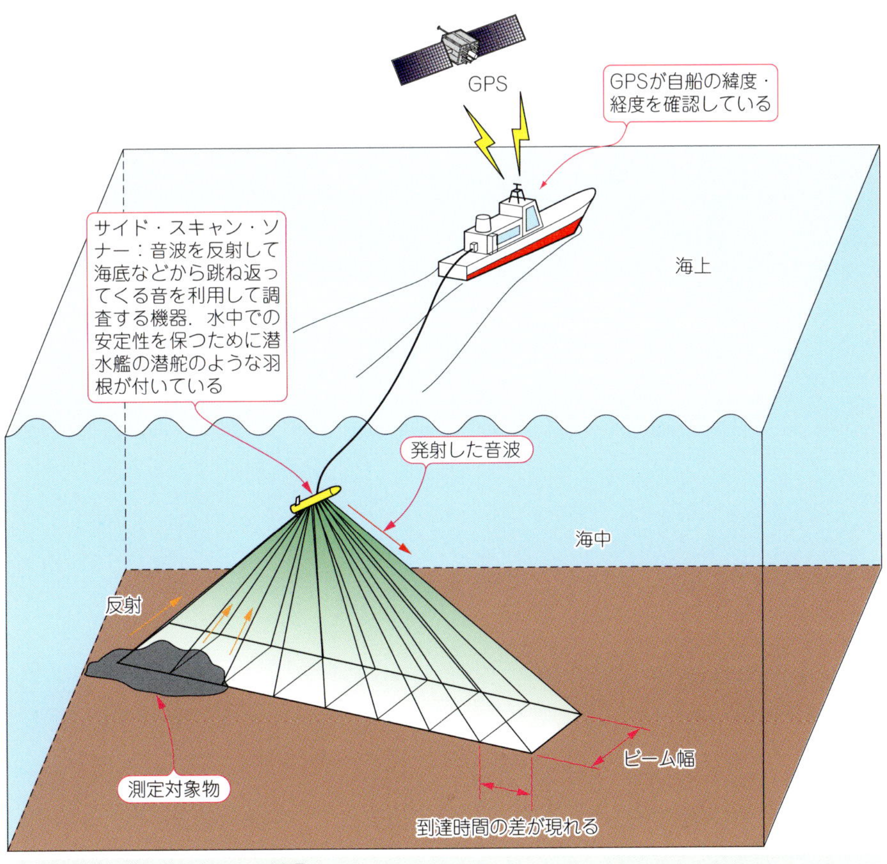

図7-8　サイド・スキャン・ソナーを使用した調査の概念

第8章

南極の湖に潜るROVのエレクトロニクス

前章までは，海洋調査に焦点を当てたエレクトロニクスについて紹介してきましたが，今回は少し趣向を変えて南極で活躍する水中ロボットについて紹介します．2017年12月～2018年2月に，筆者が実際に南極で調査してきた内容を元に解説します．

8-1 氷で覆われた大陸 南極にも湖が存在する！

南極と聞くと，白い氷に覆われた大地を想像しがちですが，実は南極大陸には約3％だけ，陸地がむき出しになった露岩域と呼ばれる場所が存在します．露岩域は，日本の南極観測の拠点である昭和基地から近い場所に多く存在しています．

ラングホブデやスカルブスネス(図8-1)と呼ばれる，半島状に付き出した場所では，夏場(12月下旬～2月上旬)には雪が融けて大地がむき出しになります．ここには数千年～数万年かけて形成された湖が点在しています(写真8-1)．これらは，最初は地形の隆起や氷河の動きによって形成された，いわば巨大な水溜りでした．しかし近年になって，湖に生物(シアノバクテリアなど)が生息していることが発見されました．

8-2 コケの群集「コケボウズ」の生息状況

● 南極の湖底での調査は世界初のプロジェクト！

南極の湖で発見された生物は，シアノバクテリアや藻類から形成されるコケの森でした．写真8-2は，スカルブスネスにある長池の湖底に生息するコケボウズと呼ばれるコケの群集です．ところが，コケボウズはどこの湖にでも生息しているわけではなく，スカルブスネスのごく限られた湖でしか確認されていません．さらに，湖や深度によって形状や大きさが違うことが分かっていました．しかし，生息する深度や密集度などの詳細なことは明確になっていませんでした．そこで，今回の調査チームでは，最新の調査機器を駆使してコケボウズの生息状況を明らかにする世界初のプロジェクトが実施されました．

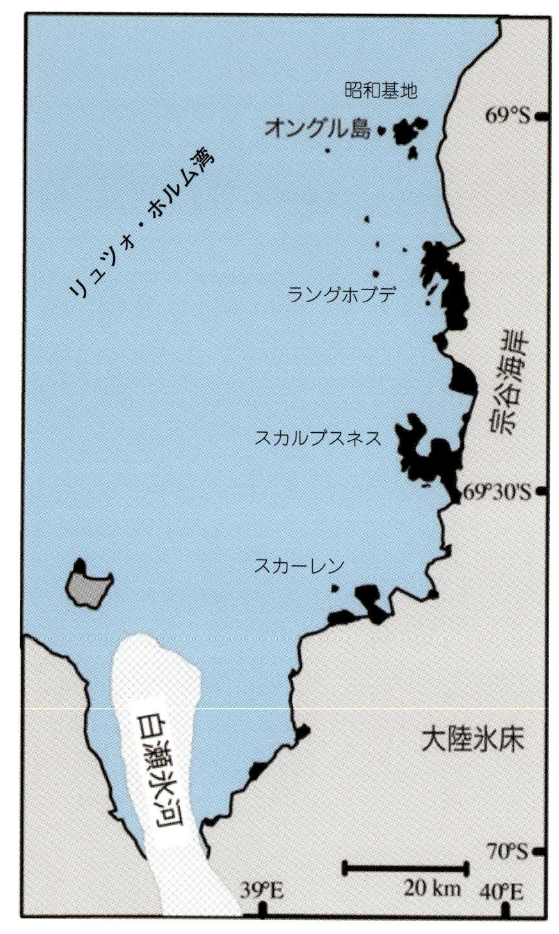

図8-1 昭和基地周辺の概略

8-3 コケボウズ生息状況を観察する技術「ハビタット・マッピング」

今回の観測では，コケボウズがどの深度に生息しているのかを明らかにするハビタット・マッピングが主なミッションとなりました(図8-2)．ハビタット・マッピングとは，深海生物調査などでも実施されている

写真8-1　南極大陸の露岩域に多数存在する湖沼の上空写真（スカルブスネス周辺）

写真8-2　南極大陸の湖沼に生息する生物「コケボウズ」（スカルブスネス・長池）

手法で，深度や海域によって異なる生物相の変化を海底地形図に重畳することで，視覚情報として提供することができます．今回はこの技術を応用しました．

● 手順1…ボートを漕いで移動しながら湖底地形のデータを取得

ハビタット・マッピングには，海底地形図に相当する湖の湖底図（湖盆図）が必要になります．しかし，通常の海底地形を計測するような大型の装置や船舶を南極大陸内部の湖まで運搬することは非常に困難です．

そこで今回は，小型のボートに搭載可能なGPSソナーを使用しました．これを使って，ひたすらボートを漕いで湖底図（湖盆図）の作成に必要なデータを収集します．

● 手順2…ROVに搭載したカメラで湖底図に重畳する画像データを取得

次に，下向きのステレオ・カメラを搭載したROV（**写真8-3**）を航走させます．画像は2秒間隔で撮影されるため，ROVをゆっくりと進める必要があります．

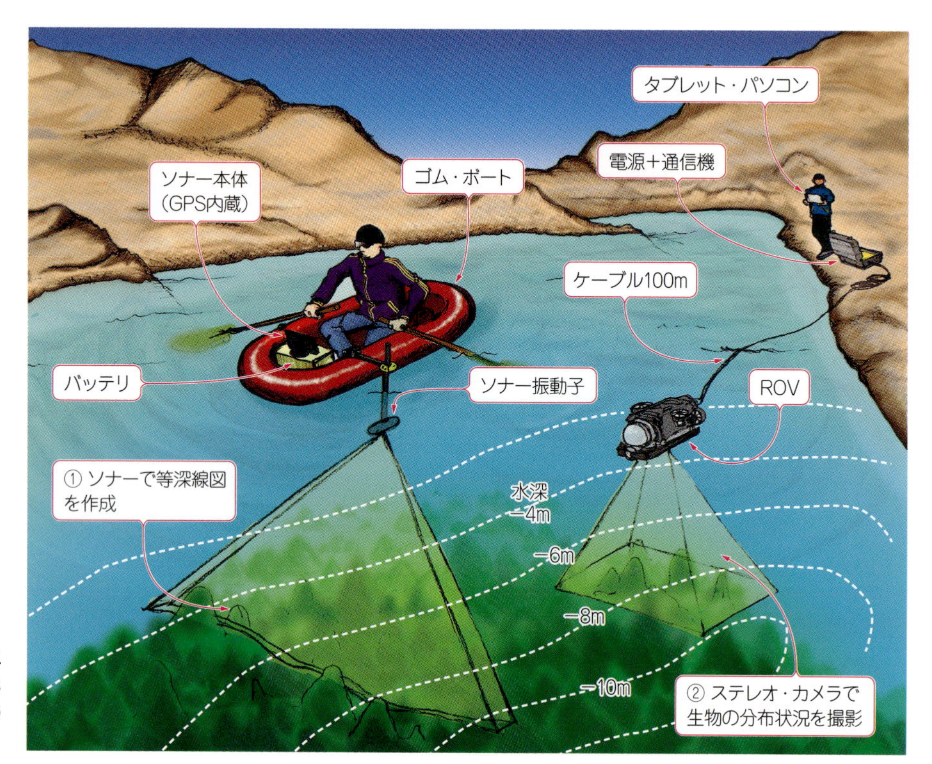

図8-2　コケボウズの生息状況の観察に用いたハビタット・マッピングのしくみ

写真8-3　南極湖沼調査用に開発した小型ROV

ステレオ・カメラで撮影した画像は，日本に持ち帰って連続写真(モザイク画像)にします．例えば，2枚の画像データを重ね合わせる場合には，この2枚の画像に共通する特徴点が多い方が，より正確に重ね合わせることができます．

8-4　南極観測で活躍するROVの特徴

南極観測に使用するROVは，－20℃以下でも正常に動作するように航空機用の部品などを多用して開発しました．長さ約65 cm，幅約35 cm，高さ約30 cmと非常にコンパクトです．潜航可能深度は約160 mです．

● 特徴1…徹底した軽量設計

ほとんどの場合，南極の湖沼調査ではROVなどの調査機器も背負って目的地まで歩いていくので，機器の軽量化が求められます．そこで本ROVでは，ROV本体，ケーブル，操縦装置の3つのパートに分けて持ち運べるようにしました．

各機器は，設計段階で重量の軽いものを選定し，筐体なども材料や強度を検討して極限まで軽くしています．その結果，重さはROV本体が約10 kg，操縦装置が約5 kg，ケーブルは長さ100 mで約10 kgです．

本ROVの特徴の1つに，操縦装置が非常に軽いことが挙げられます．通常，操縦用ジョイ・スティックやカメラの映像を映し出したり録画したりする映像機器が必要になり，重量が増してしまいます．しかし，軽量化が求められる本ROVでは，これらの機能をタッチ・パネル式パソコンに統合しました．ROVのコントロール・パネルとROVが撮影した映像はパソコンのデスクトップに表示されるため，操縦者はタッチペン1本でROVを操縦することができます(**写真8-4**)．

● 特徴2…誰でも修理できるメンテナンス性の確保

特に，南極観測には同行できる人員が限られているため，開発者や工学系の隊員がいるとは限りません．そのため，専門的な電気・電子工学の知識のない隊員でも，簡単に修理が行えるように設計する必要があります．

本ROVは，専用部品を極力使用せずに設計しました．部品調達ができない極地で活動するロボットには不可欠な要素です．例えば，今回開発したROVでは，前述したタッチ・パネル式のコントローラを採用したことで，ジョイ・スティックなどの専用の予備部品を持っていく必要がありませんでした．万が一，操縦系が不具合を起こした場合には，コントロール・ソフトを別のPCにインストールすることで対処が可能なように設計しています．

● 特徴3…方位や深度の把握は特別仕様のG-SHOCKを使う

ROVは，機能を増やせば増やすほど大きく重くなってしまいます．しかし，前述したように極限まで小型・軽量化が求められるROVでは，多くの機能を搭載するには大きさと重量ともに限界がありました．

特に，GPSの使えない水中でROVの位置を把握するのに必要な方位計や深度計などは，専用の計測機器を搭載しなければなりません．そこで本ROVでは，CASIOと共同開発した特別仕様のG-SHOCKを搭載しました(**写真8-5**)．市販されているG-SHOCKのファームウェアを改造し，方位計と深度計を常に計測し続ける仕様に変更しました．これにより，操縦者はROVのカメラに映し出される時計の画面を見ながら，進むべき方位や深度を把握することが可能になりました．

写真8-4　ROVの操縦はタッチ・パネル式コンピュータのみ！

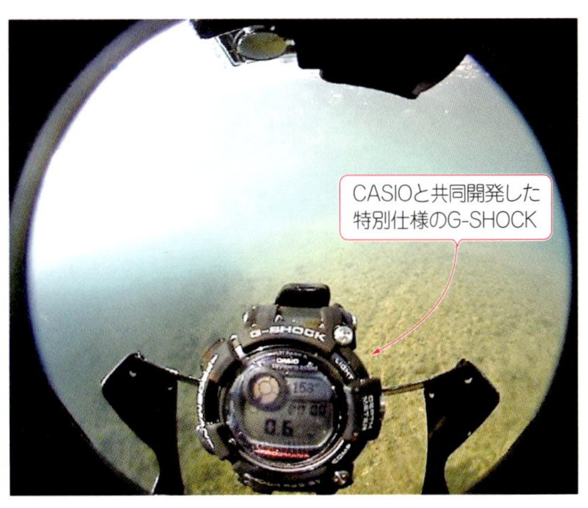

写真8-5　ROVから送られてくる映像には深度と方位，潜水経過時間が表示されている

写真8-6　スカルブスネス・長池の水深10m付近におけるコケボウズの分布状況
画像内の点線から奥側では大型のコケボウズがほとんど確認できない

8-5　南極調査用ROVが明らかにしたコケボウズの生態

● 風の影響を受けないように湖岸付近がなるべく深くなっている場所にROVを着水させる

2017年12月～翌年2月までの調査では，スカルブスネスにある「長池」が主な調査対象でした．ROVは湖岸から湖にアプローチし，湖心(湖の中心部)に向けて航走しながら湖底の連続写真の撮影を行いました．連続写真用のカメラは2秒に1回撮影する設定のため，ROVはゆっくりと航行する必要があります．操縦用カメラに映し出される深度計と方位計の数値を頼りに，4台のスラスタを同時に制御します．

湖の中では水流の影響はほとんどありませんが，湖面付近は風の影響を受けるためROV本体も流されてしまいます．そのため，ROVを着水させる場所も，湖岸付近がなるべく深くなっている場所を選ばなくてはなりません．誤って足を滑らせると水温1～2℃の湖に落ちてしまうため，オペレーションには細心の注意が必要です．

▶結果…深度によってコケボウズの大きさや密集度が異なることが観測できた

今回の調査で，ROVは3回の潜航調査を行いました．その結果，西側の湖岸から湖心に向けて行った潜航調査で，深度によってコケボウズの大きさや密集度に違いがあることが分かりました．

写真8-6は長池の水深10 m付近の様子です．点線部を境に湖深部ではコケボウズの姿がほとんど見られなくなくなります．点線の外側と内側の深度の差は20 cm程度です．たった数十センチの間に起こる水温や水圧，光量，酸素量などの差がコケボウズの成長に影響していると考えられますが，現時点では何が要因となっているかがはっきりとは分かっていません．

今後，この境界線付近に水温計や光スペクトル計，溶存酸素計などを設置して長期モニタリングを行うことで，少しずつコケボウズの生態が明らかになってくると考えられます．

▶1年中ぶ厚い氷に閉ざされる冷たい南極の海の底には，予想をはるかに超える生物のコロニーが広がっていました．写真は宗谷海岸にあるスカルブスネス周辺の海の底です．見渡す限りウニやホタテの仲間，ケヤリムシ，クモヒトデなどの生物が大量に棲息していました．

第9章 第2部：水中機器学習用キットを使ったROVの製作

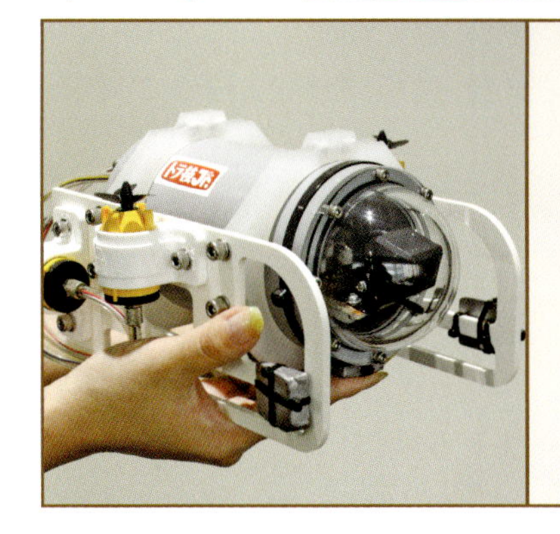

水中探査機の製作にチャレンジ

本章からは，水中機器学習用ミニROVキット「ROV-TRJ01」を使って，実際にROVを製作する方法について詳しく解説します．**写真9-1**に示す「ROV-TRJ01」には，カメラや制御基板などの電子機器を格納する耐圧容器やフレーム，コネクタなどが同梱されています．これに任意のカメラやセンサなどを組み込むことで，オリジナルのROVを製作できます．本書では，最もベーシックなROVを例にその製作方法を紹介します．

水中機器学習用ミニROVキット「ROV-TRJ01」は，トラ技Jr.誌に連載されていた「深海のエレクトロニクス」の中で紹介した水中機器の開発に必要なノウハウを取り入れて設計したオリジナルのROVです．水中機器の基本的な構造やOリングの取り扱い方法など，教科書ではあまり紹介されていない技術を習得することができます．

研究用ROVといっても機能や構造は本物のROVと同等なので，これから水中探査機の勉強を始めたいと思っている人は，ここで紹介する製作例をもとにして様々な機器を搭載したROVの製作にぜひチャレンジしてください．

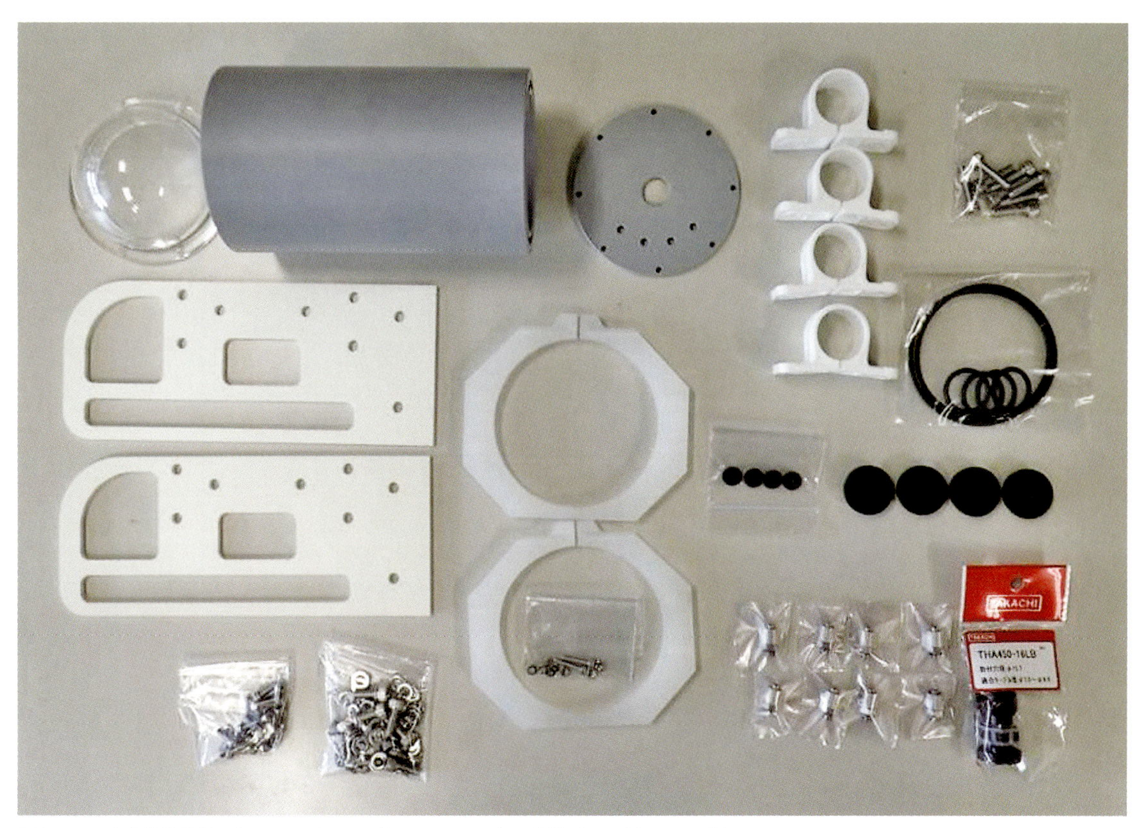

写真9-1　水中機器学習用ミニROVキット「ROV-TRJ01」の本体パーツ（組み立て前）

9-1 製作に必要な部品

ROVを製作するには,「ROV-TRJ01」に加えていくつかの部品をそろえる必要があります. **表9-1**に, 必要となるパーツ・リストを示します.

● 耐圧容器とフレーム

水中探査機において最も重要になるのは, カメラや制御系などの電子機器を収める耐圧容器とフレームです. 市販の防水ケースなどでも流用できますが, 水中ロボットとして使用するのに適した設計にはなっていません. また, 高い水圧のかかる水中では, 接着剤などを多用した構造では浸水の原因になり, 本来の水中ロボットとしての機能を十分に発揮させることができません.

「ROV-TRJ01」は, 本格的な水中ロボットの設計手法を用いて開発されています. 水深10mの水圧でも圧壊しない耐圧容器構造やOリングを用いた水密構造, 水中航走時に流体抵抗を少なくするドーム型アクリル・ビューポートを採用するなど, 水中ロボットの基本となる構造を, 組み立てながら習得できます.

表9-1 ROVのパーツ・リスト

水中部		
品　名	個数	型番等, 備考
ROVキット	1	ROV-TRJ01本体(CQ出版社)
カメラ	1	NTSCカメラ(DC動作タイプ)
水中モータ	4	ITEM70153
ユニバーサル基板	1	切り分けて操縦部側にも使用
XHプラグ	4	PHR-2
XHコンタクト・ピン	8	002T-P0.5S
XHレセプタクル	4	B2B-PH-K-S
スクリュ・プロペラ正転	2	D30M2セイ, ϕ30 mm・M2正回転用
スクリュ・プロペラ逆転	2	D30M2ギャク, ϕ30 mm・M2逆回転用
調整用バラスト	2	200 g×2セット
高真空グリス	1	HVG-50 Tube
スーパーXゴールド	1	AX-023(速乾・透明タイプ)
RJ45モジュラ・ジャック	1	電源供給が必要なタイプは避ける
M3×6 mmねじ	2	カメラ固定用
M3ワッシャ	4	
M3スプリング・ワッシャ	2	
M3ナット	2	

操縦部		
品　名	個数	型番等, 備考
コントローラ	1	ITEM70106
XHプラグ	5	PHR-2
XHコンタクト・ピン	10	002T-P0.5S
XHレセプタクル	5	B2B-PH-K-S
シールド付可動信号ケーブル	10 m	16芯程度かつ細径のものを使用
LCD液晶	1	本書では7インチのものを使用
ACアダプタ(ROV電源用)	1	9 V程度のものを使用
ユニバーサル基板	1	切り分けて水中部側にも使用
カメラ用ACアダプタ	1	使用するカメラに適合した機種を選択
RJ45モジュラ・ジャック	1	電源供給が必要なタイプは避ける
基板用スタット	2	ASB315E
M3×6 mmねじ	4	基板固定用
M3ワッシャ	2	
LANケーブル	1 m	本書ではCat.5e対応のものを使用 ※切り分けて水中部側にも使用
熱収縮チューブ	1	ϕ2, ϕ8など
キャリング・ケース	1	PC2816

● カメラ，電子部品，LCDモニタ，スラスタ，ケーブル

本書での製作に使用する部品の多くは，量販店やインターネットショップなどでも購入することができます．アンビリカル・ケーブルについては，多芯であれば市販品でも流用できますが，防水性のあるケーブルを使用する必要があります．正しい部品を選定しないと，浸水や故障の原因となり正常に動作しません．

「ROV-TRJ01」には，ROVの製作に必要な部品が全てパッケージングされています．このキットには，本書で紹介する機能を実現できる電子部品やケーブル，大型プロペラ，小型テレビ・モニタ，操縦装置のキャリング・ケース，ACアダプタなどが含まれています．また，製作中に部品を破損したり紛失したりして，部品単位での購入が必要な場合のために，「ROV-TRJ01」に含まれている，最もベーシックなROV作成に必要な部品について，**表9-1**に記載してありますので参考にしてください．

9-2　製作に必要な工具をそろえる

ROVキットを製作するには，はんだゴテやニッパ，ドライバなどの工具が必要です(**表9-2**)．最近では，ほとんどの工具が100円均一ショップなどで入手できます．六角レンチやドライバの先端などは，様々な大きさのものがそろっていると便利です．六角レンチにはミリとインチの違いがあるので，購入する際は注意が必要です．本書では，ミリ規格の六角レンチを使用します．

表9-2　製作に必要な工具リスト

工具名	備　考
ニッパ	プラスチック・ニッパが望ましい
ペンチ	先端が細くストレートなものが使いやすい(ニードルペンチなど)
ドライバ	(＋)(－)，精密ドライバなど．先端が小さいものから大きいものまであると便利
六角レンチ	様々な大きさがあると便利(インチも売られているので購入の際は要注意)
アジャスタブル・レンチ	いわゆるモンキーレンチ．M6～8ナットが扱えるくらいの小型のもので十分
ピンバイス	刃はϕ2～ϕ6程度が一通りあると作業しやすい
はんだゴテ	できるだけ先端の細いものが使いやすい
はんだ	ヤニ入りが望ましい
ナイフ類	一般的なカッターナイフやホビー用小型ノコギリ
平やすり	中目のものが数種類あると便利
精密圧着ペンチ	XHコネクタのコンタクト・ピン圧着用
ドライヤ	熱収縮チューブの加工に使用
アラルダイト(接着剤)	堅牢性と防水性をより高めたい場合に使用する．スーパーXを塗布する代わりに使用

※型番や仕様などは予告なく変更になることがあります．

▶東京・日本橋にある「ギャラリーキッチンKIWI」で開催されているイベント「大人の科学バー」で「超入門！水中機器学ー水の中をぜんぶ撮る！」をテーマに，本書の著者である後藤 慎平氏が講演を行った際に，会場内に展示した水中機器学習用キット「ROV-TRJ01」

第10章

ROVを自由に動かすコントローラの作り方

本章では，ジョイ・スティックを操作することで，ROVに潜航/浮上，前進/後進の制御を伝達するコントローラを製作します．**写真10-1**はタミヤ製の「4チャンネルリモコンボックス」で，左右のジョイ・スティックを上下左右に動かすことで，4つのモータの回転/停止/逆転を独立してコントロールできます．これを**写真10-2**のように改造して，ROVのコントローラに使用します．

10-1 リモコン・ボックスを組み立てる

まず，4チャンネルリモコンボックスのキットに同封されている説明書どおりに組み立ててください．**写真10-3**は，同キットに同梱されている回路基板です．基板には，10本の電線(白・赤・黄・青×2組，茶・黒×1組)がはんだ付けされています．

写真10-1　タミヤ製の4チャンネルリモコンボックス

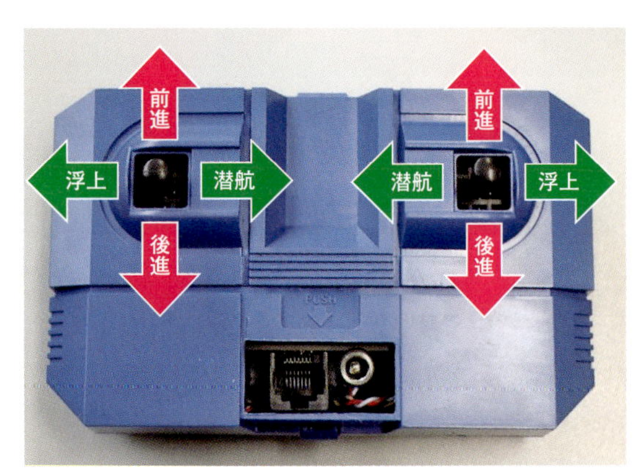

写真10-2　ROVの制御イメージ

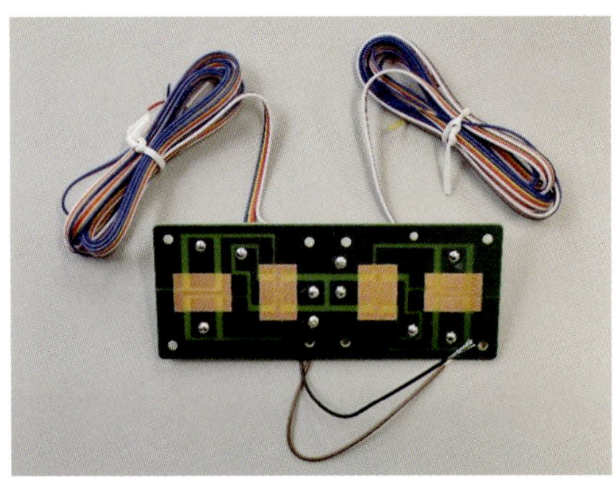

写真10-3　4チャンネルリモコンボックスに同梱されている回路基板

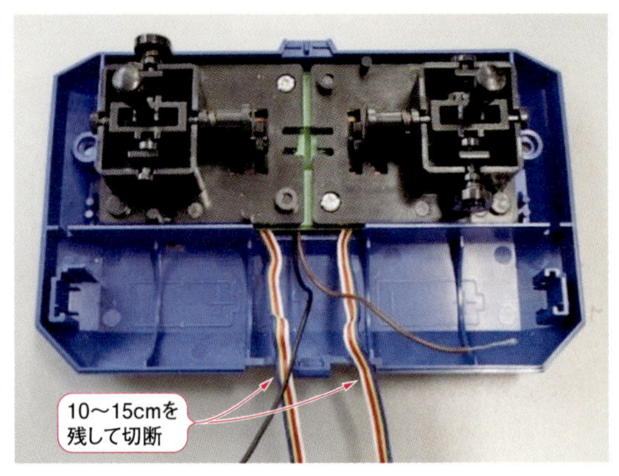

写真10-4　基板を裏側ケース(リモコン・ボックスのBパーツ)に取り付けた際の配線例

（a）正しい配線例

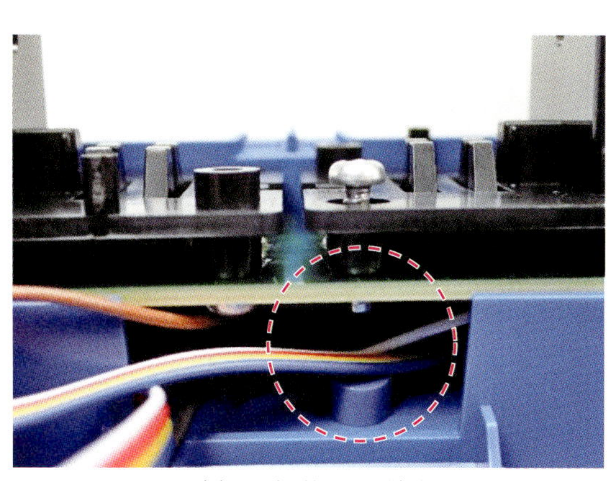

（b）ネジで挟み込んだ例

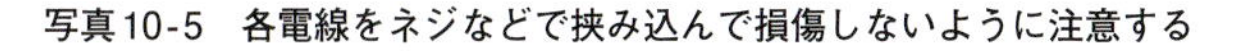

写真10-5　各電線をネジなどで挟み込んで損傷しないように注意する

同キットの組み立て説明書では，白・赤・黄・青の電線を中央上側に，茶・黒の電線を左右下側に配線するように記載されていますが，ここでは**写真10-4**，**写真10-5**のように，全ての電線を中央下部から電池ボックス側に線を出して組み立てます．このとき，ネジなどで挟み込んで電線を損傷しないように注意してください．黒色と茶色以外の8本の電線を，それぞれ10～15 cm程度の長さで切断します．残った電線は，スラスタや制御基板の製作の際に使用します．

10-2　リモコン・ボックスを加工する

リモコン・ボックスを加工して，アンビリカル・ケーブルとDC電源の接続口を作ります．リモコン・ボックスの電池カバー部を，**写真10-6**を参考にして切り抜きます．1回でやろうとすると断面が汚くなるので，定規とカッターナイフを使って，何回かに分けて切り抜くと奇麗に仕上がります．

次に，コントローラ基板を固定するスタットを取り

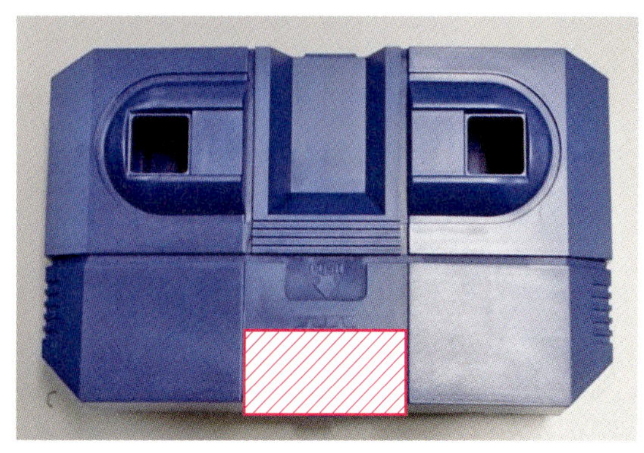

写真10-6　リモコン・ボックスの加工箇所（斜線部を切り抜く）
この切り抜いた部分にアンビリカル・ケーブルと電源を接続する

写真10-7　スタット取り付け穴の加工箇所
M3ネジが入る大きさの穴を開ける

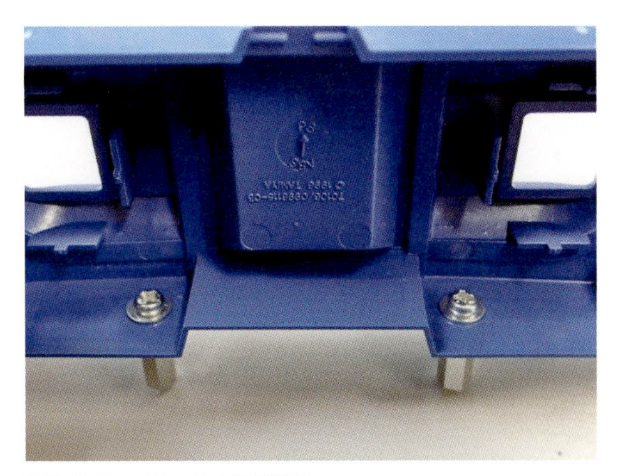

写真10-8　スタットの取り付け
M3ネジとワッシャでケースの内側から止める

写真10-9　RJ45モジュラ・ジャックの加工方法

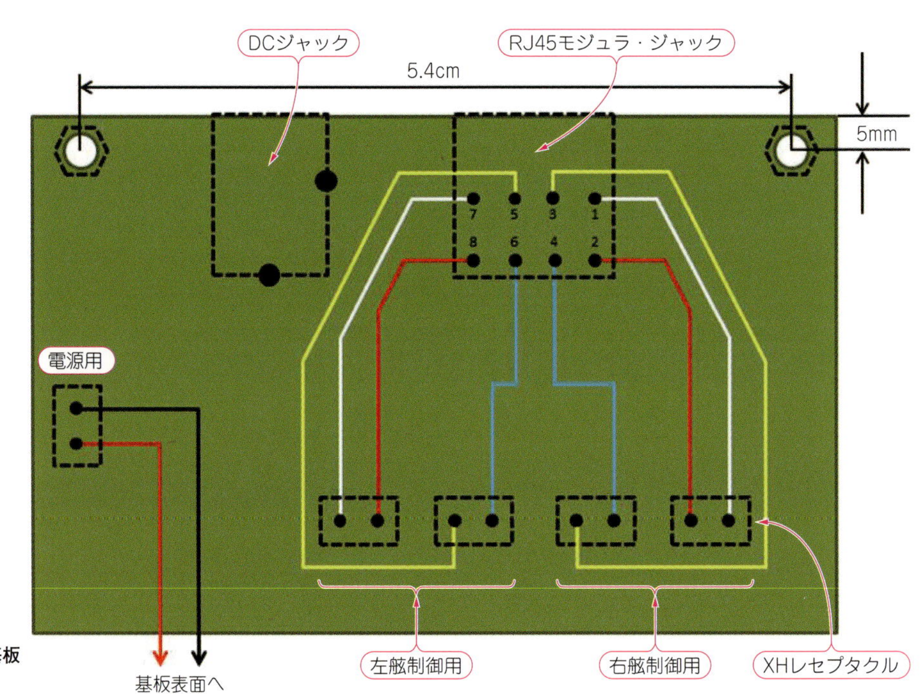

図10-1　コントロール基板の結線(リア・ビュー)

付ける穴を開けます．リモコン・ボックスのAパーツの**写真10-7**に示す位置に，M3ネジが入る穴を開けます．穴開けが終わったら**写真10-8**のようにスタットを取り付けます．スタットの取り付けには，M3×6 mmのネジとM3ワッシャを使用します．

10-3　コントロール基板の製作

● スラスタ制御用コネクタの取り付けと配線

操縦装置に使用するコントロール基板の製作を行います．まず，ユニバーサル基板を70 mm×25 mmほどの大きさに切り出します．余った基板は水中部の基板製作時に使用します．

図10-1を参考に，切り出した基板にピンバイスを使ってスタット取り付け用の3 mm穴を開けます．最初にスタット穴の位置を決めておくことで，この後の配線でスタットに干渉するのを防ぎます．

次に，各種コネクタを取り付けます．RJ45モジュラ・ジャック×1個，XHコネクタ(レセプタクル)×5個(スラスタ用×4個，電源用×1個)をはんだ付けします．ROVの制御にLANケーブルを使用するため，RJ45モジュラ・ジャックを使用します．

RJ45モジュラ・ジャックは**写真10-9**のようになっていますが，このままではユニバーサル基板に取り付けることができないため，ペンチで各ピンを少し曲げて基板にはんだ付けできるように調整します．このとき，ピンに力を加え過ぎると折れてしまうので注意が必要です．また，**写真10-9**に示す矢印の部分は，基板に取り付けるときに干渉するため切り取っておきます．RJ45モジュラ・ジャックは，10-2節で加工したコントローラの開口部(**写真10-6**の斜線部)からLANケーブルを接続できるように配置します．

RJ45モジュラ・ジャックとXHコネクタ(レセプタクル)の各コネクタの取り付け位置が決まったら，10-1節で切断したコントローラのケーブルの残りを使って配線していきます．**図10-1**を参考にしながら，RJ45モジュラ・ジャックの各ピンとXHコネクタを結線してください．垂直スラスタ用と水平スラスタ用で配線の色を分けると，不具合が発生した場合に原因究明が簡単になります．

● 電源供給用コネクタの取り付けと配線

電源供給用のDCジャックを取り付けます．DCジャックは，10-2節で加工したコントローラの開口部(**写真10-6**の斜線部)からアクセスできるように配置します．ROVへの電源供給にはACアダプタを使用

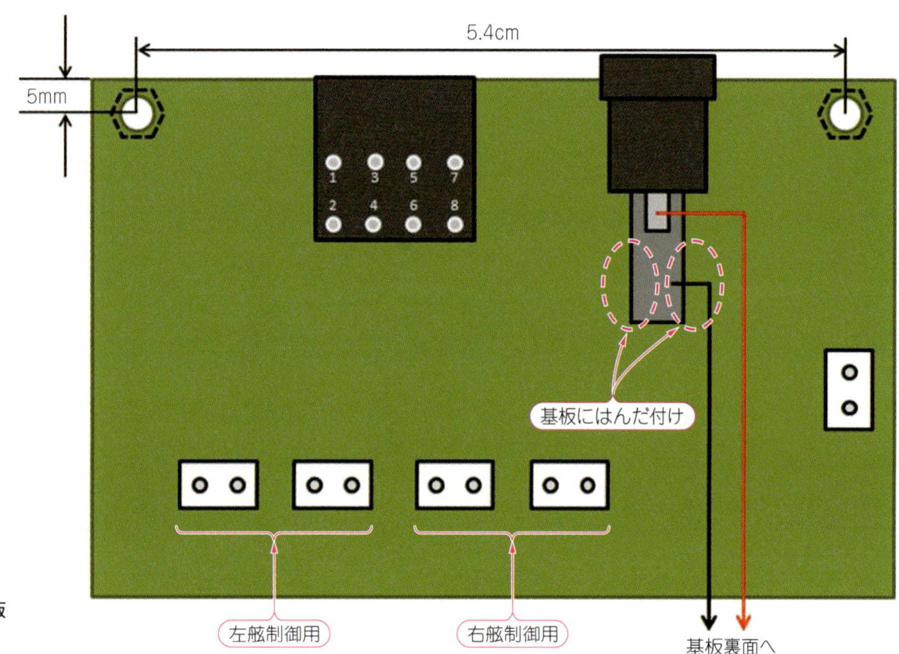

図10-2　コントロール基板の配置(トップ・ビュー)

(a) 分解前

(b) 分解後

写真10-10　DCジャックの分解例

写真10-11　DCジャックの基板への取り付け例

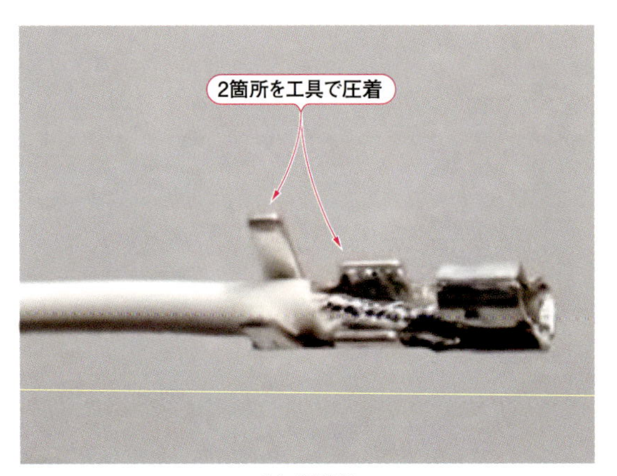

（a）圧着前

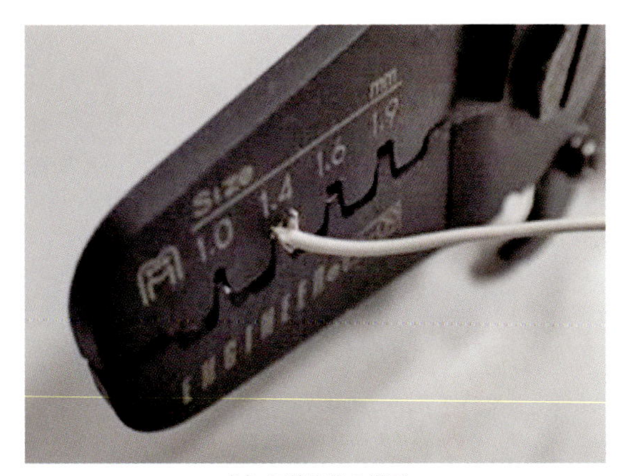

（b）圧着作業の様子

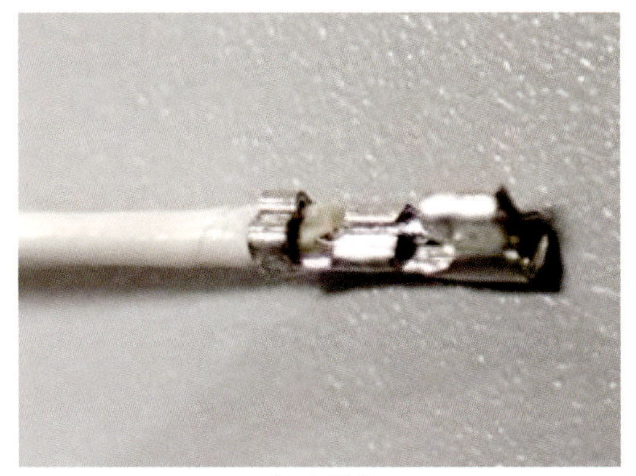

（c）圧着後

写真10-12　コンタクト・ピンの圧着加工

(a) 取り付け前　　(b) 取り付け後

写真10-13　コンタクト・ピンを圧着した電線をハウジングに取り付ける

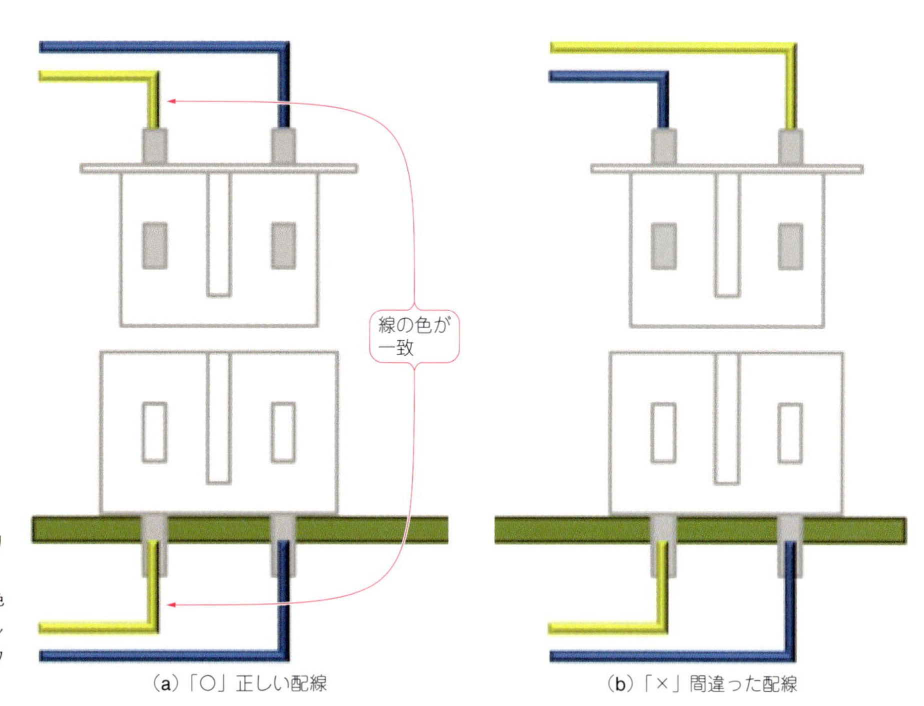

(a)「○」正しい配線　　(b)「×」間違った配線

図10-3　コネクタを取り付ける際の注意点
基板側の配線と制御線の色が一致しているかを確認しながら，各ケーブルをハウジングに取り付ける

するので，ACアダプタの出力端子を接続できるDCジャックを基板に取り付けます．

図10-1，**写真10-11**を参考に，RJ45モジュラ・ジャックの隣にDCジャックを取り付けます．間隔を空けすぎると，10-2節で加工した部分(**写真10-6**の斜線部)から各ジャックに接続できなくなるので注意が必要です．DCジャックは，**写真10-10**に示すようなプラグ形状のものを分解して使用します．ジャック後部のホルダ部分は使用しません．

本キットでは，茶色と黒色の線が電源接続用として制御基板にはんだ付けされています．取扱説明書では，茶色の線を乾電池のプラス側に，黒色の線をマイナス側に取り付けることになっていますので，ここでも茶色の線をプラス，黒色の線をマイナスとします．

本キットで使用するACアダプタはセンタ・プラス方式となっているので，DCジャックのピンとXHコネクタ(レセプタクル)を**図10-1**，**図10-2**のように配線します．このとき，DCジャックの極性に注意してください(プラスとマイナスを間違って配線すると，スラスタが逆に回転するなど正常に動作しません)．

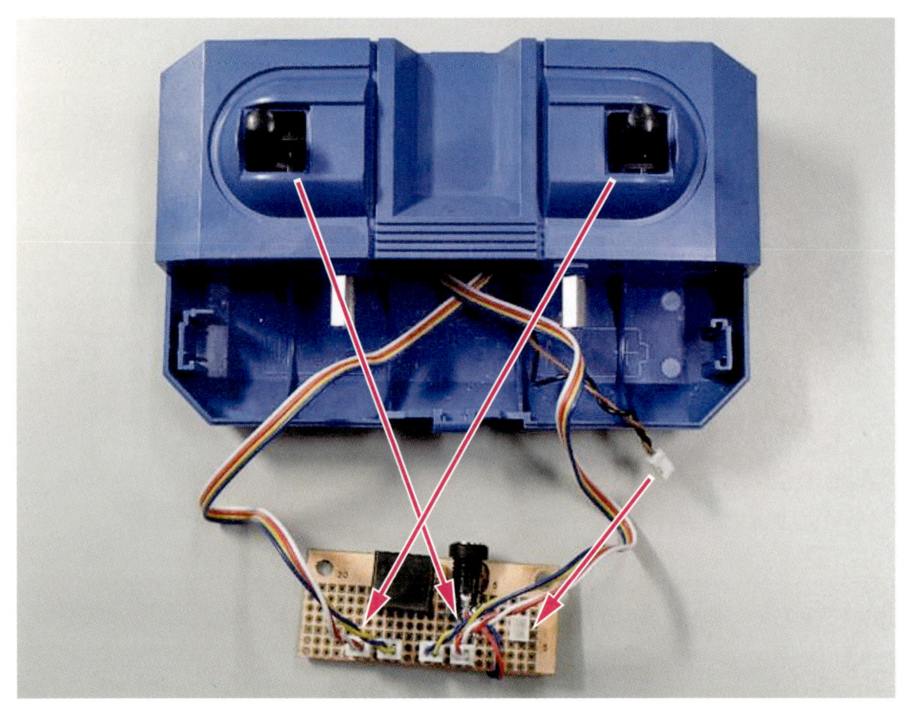

（a）コントロール基板に各制御線を取り付けた状態

（b）コントロール基板

写真10-14　コントロール基板への取り付け
各線を取り付けるコネクタの位置に注意！

10-4　コンタクト・ピンの圧着加工とハウジングの取り付け

リモコン・ボックスから延びている電線の被覆の先端を5 mmほど剥き，**写真10-12**を参考にコンタクト・ピンを圧着します．このとき，被覆を剥いた電線にはんだメッキをしておくと強度が増します．ピンの取り付けには，専用の圧着工具を使用してください．

各ピンの圧着ができたらハウジングに挿入します．**写真10-13**を参考に，抜け防止用のツメが見える位置までしっかりと差し込みます．抜け防止がうまく機能していないと，コネクタを抜く際にピンだけが抜けることがあります．

各線をハウジングに取り付けたら，各線を基板に取り付けます．**図10-3**, **写真10-14**を参考に，基板側（レセプタクル）の配線色とプラグ側の色が一致するように注意してください．基板とスラスタの配線が逆になっていたり，基板の配線とプラグの配線の色が一致し

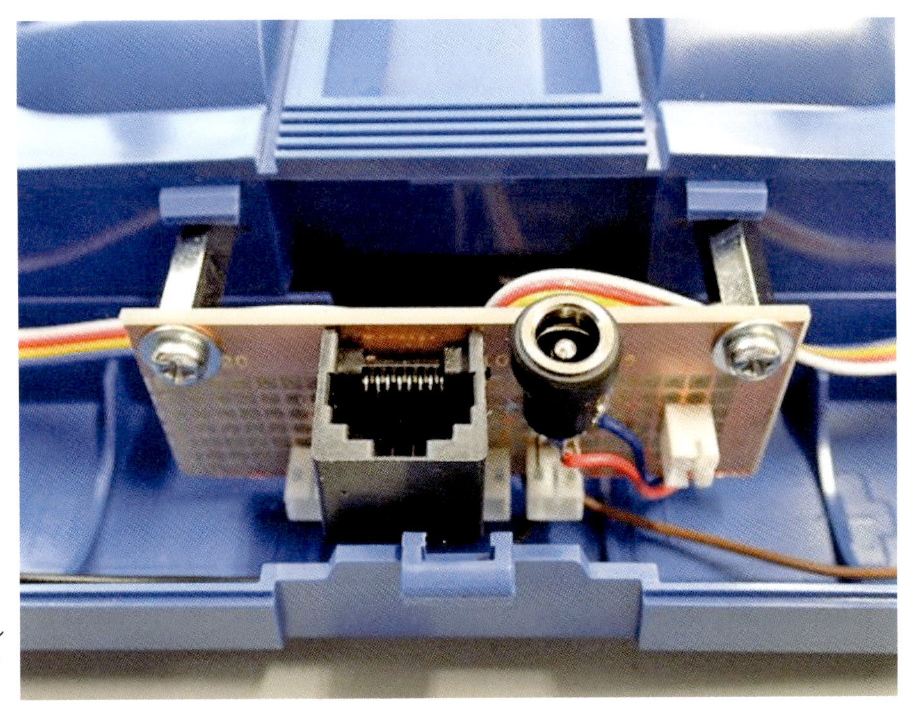

写真10-15　完成したコントロール基板をリモコン・ボックスに取り付ける

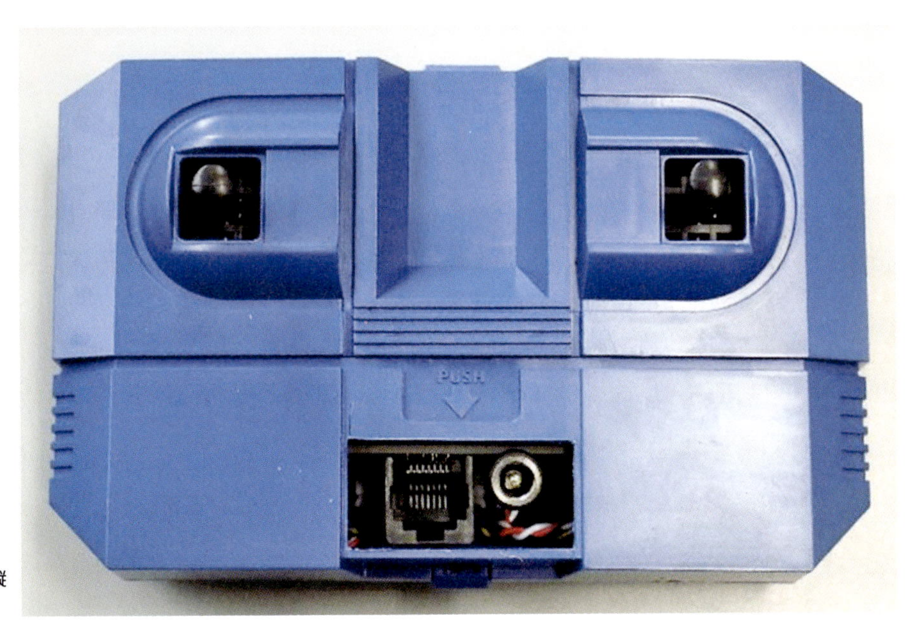

写真10-16　完成した操縦装置

ていなかったりすると，スラスタが逆回転したりして，正常に動作しません．

10-5　コントロール基板の取り付け

写真10-15を参考に，先に取り付けたスタッドに完成したコントロール基板をM3×6 mmネジを使って取り付けます．リモコン・ボックスの切り抜いた部分から，アンビリカル・ケーブルを接続するRJ45モジュラ・ジャックと，電源を接続するDCジャックにアクセスできるように取り付けます．最後に切り抜いた電池カバーを取り付ければ，操縦装置の完成です(**写真10-16**)．

第11章

ROVを推進させる スラスタの防水加工と作り方

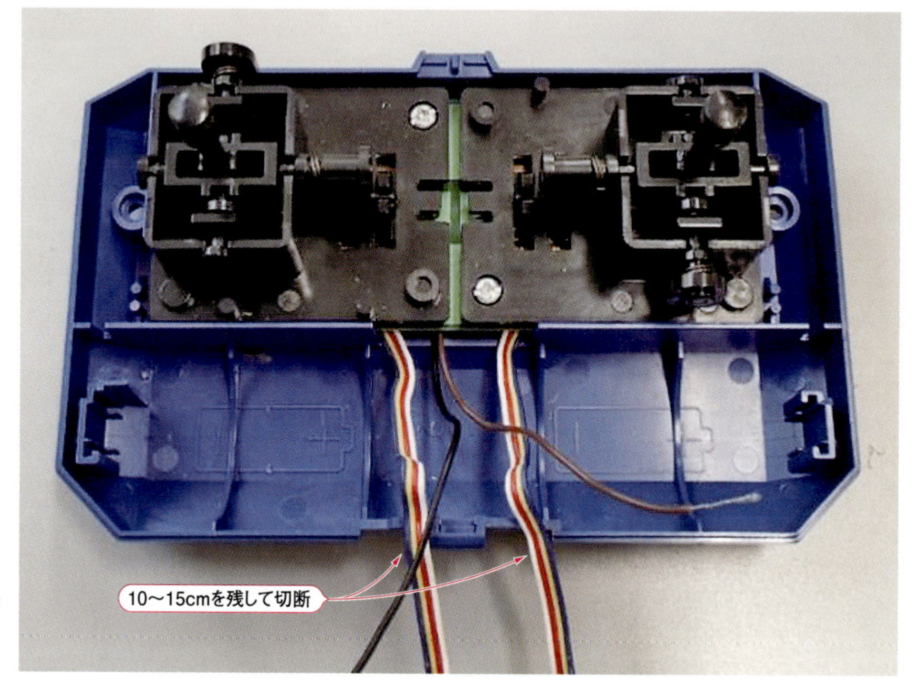

写真11-1 リモコン・ボックスから4色電線を切り出す

本章では，ROVの推進力を生み出すスラスタの組み立て方を解説します．本製作では市販されているタミヤ製の水中モータを使用しますが，市販のままでは潜水すると内部に水が浸入してしまいます．また，付属しているスクリュ・プロペラでは推進力が弱いため，直径の大きなプロペラに取り換える改造を行います．また，好みに応じて高トルク・高回転のモータに変更すると，よりパワフルなROVを作ることができます．

また，第10章で解説したコントローラ(4チャンネル・リモコン・ボックス)に付属している4色の電線の残りを使用します(**写真11-1**)．残った電線は，スラスタ以外の制御基板の組み立てなどにも使います．

11-1 水中モータを組み立てる

水中モータは，付属している説明書に従って組み立てます．遠隔操作によりモータを制御するため，本製作では，各モータの電極にコントローラから切り出した電線をはんだ付けします．**写真11-2**に示すように，約50 cmの線を各端子にはんだ付けします．

このとき，水平用モータと垂直用モータで色分けしておくと，組み立てるときに区別がしやすくなります．ここでは，水平用モータには赤・白の配線，垂直用モータには青・黄の配線を使用しています．また，各モータの端子にはんだ付けした電線の色をメモしておくと，あとで正転と逆転の区別がしやすくなります．

写真11-2　スラスタ用モータに配線をはんだ付けする
本製作では，水平用には赤・白の配線，垂直用には青・黄の配線とした．シャフト軸側から見て，それぞれ左側を赤・青の配線，右側を白・黄の配線とした

写真11-3　シャフト軸の周囲にグリスを塗布する

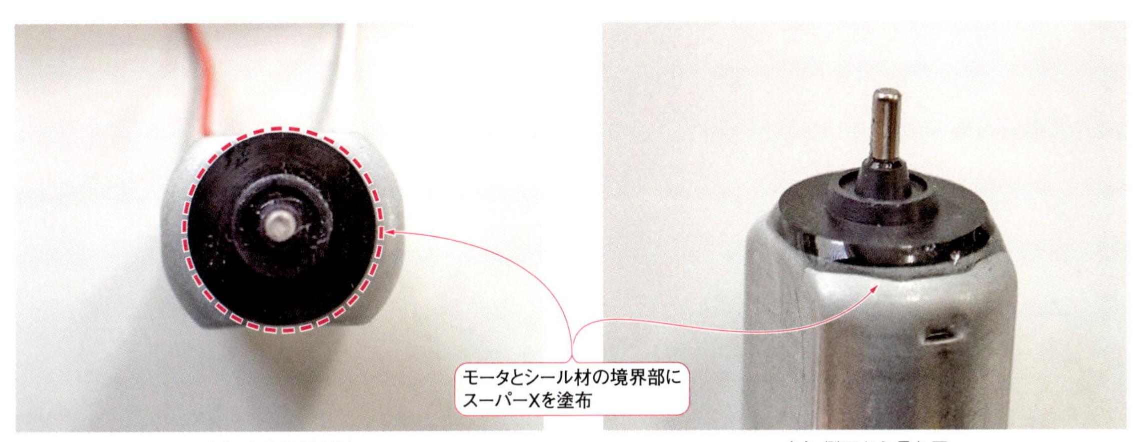

（a）上から見た図　（b）側面から見た図

写真11-4　モータ・シャフト軸へのシール材の取り付け

なお，水中モータに付属している部品A1やターミナルA，B(取扱説明書を参照)は，取り付けなくてもかまいません．

11-2　モータに防水シールを取り付ける

モータ軸からの浸水を軽減するため，水中モータに付属している防水シール材を使って防水加工を施します．**写真11-3**に示すシャフト軸の周囲に，水中モータに付属するグリスを十分に塗布してシール材を取り付けます．

次に，**写真11-4**のようにシール材の周囲にスーパーXを塗布して固定します．このとき，モータ側面にまでスーパーXが付着してしまうと，モータをスラスタ・ハウジングに挿入できなくなるので注意が必要です．

11-3　スラスタ・ハウジングの加工とモータの固定

接着剤が固まるのを待っている間に，ハウジングを加工します．ROV-TRJ01のパーツ・キットに付属しているスクリュ・プロペラは直径がφ30 mmのため，ハウジングの一部を加工する必要があります．

ニッパやカッターナイフを使って，**写真11-5**のようにハウジングの一部を切り落とします．このとき，深く切り過ぎるとハウジングに穴が開いて浸水する恐れがあるため，十分に注意して加工してください．切断面は，平やすりなどで処理しておくと完成後の見栄えが良くなります．

シール材の防水処理が乾燥したら，モータをハウジングに組み込みます．初めに，**写真11-6**を参考にして水中モータに付属のグリスを塗布します．次に，シ

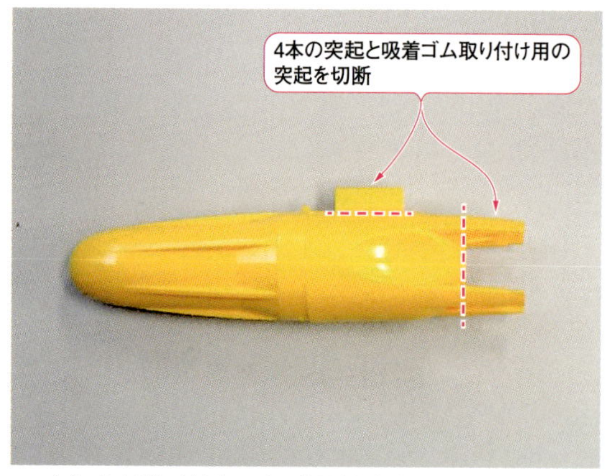

(a) ハウジングを加工する位置(赤点線部を切り落とす)

(b) 加工が完了したハウジング

写真11-5　スラスタ・ハウジングの加工

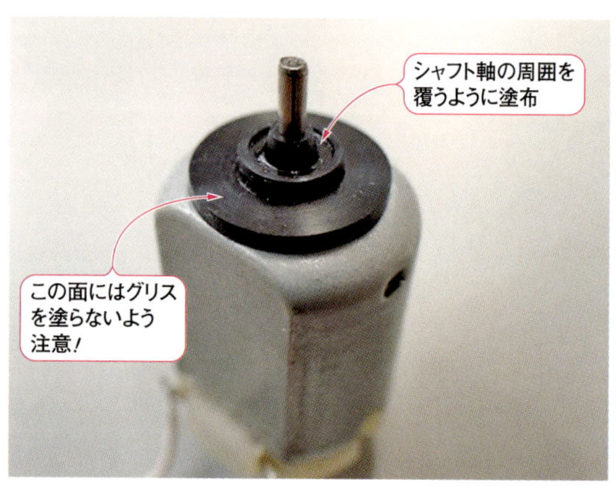

写真11-6　シャフト軸にグリスを塗布

写真11-8　モータの固定を補強する接着剤を塗布(白点線部)

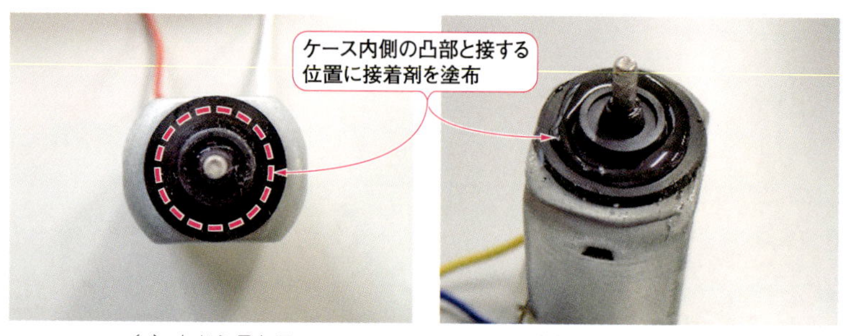

(a) 上から見た図　(b) 斜め上から見た図

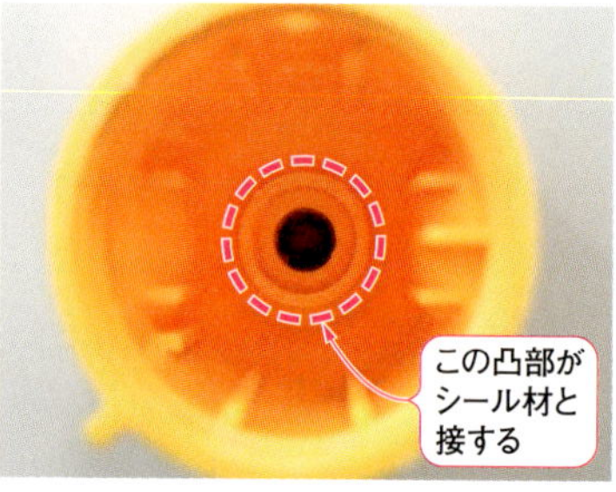

(c) ハウジングの内側

写真11-7　組み立てたモータを水中モータのケースに固定する

ール材とハウジングの隙間から浸水するのを防ぐため，**写真11-6**，**写真11-7**を参考にスラスタ・ハウジング内部の突起部とシール材が接触する位置にスーパーXを塗布します．このとき，スーパーXを塗布する箇所にグリスが付着しているとうまく接着できません．また，シャフト軸にスーパーXが付着すると，モータが回転しなくなるので注意が必要です．

ハウジング内にモータを固定したら，**写真11-8**を参考に接着剤を使ってハウジングとモータを固定します．このとき，モータはハウジングの奥までしっかりと押し込んでください．これらの処理を確実に行っておくことで，浸水による故障を軽減します．

11-4　スラスタ・ヘッドを取り付ける

モータの防水加工とハウジングへの取り付けが完了したら，ROV-TRJ01の基本キットに同梱されているスラスタ・ヘッドを取り付けます．

まず，スラスタ・ヘッドとOリングを清掃します．Oリング溝にゴミが入っていると漏水の原因となるためしっかり清掃します．高い圧力がかかる深海では，数mm程度の小さなゴミでもOリングを傷付けてしまいます．実際の深海探査機では，ホコリが出にくい工業用の紙ワイプ(キムタオルやJKワイパー)などを使って清掃しますが，ここではキッチン・ペーパ(または脱脂綿のような柔らかい布)を水道水で少し濡らして固く絞ったものでもかまいません．

このとき，決してアルコールや溶剤の入った薬品は使用しないでください．家庭用洗剤でも種類によっては樹脂が変形する可能性があります．また，ティッシュ・ペーパは細かなホコリが付着するため好ましくありません．清掃が終わった部品は，ホコリやゴミが付着しないように注意してください．

各部の清掃が終わったら，Oリングをグリス・アップします．**写真11-9**のように，パーツ・キットに同封されている高真空グリスを指先に少量出して，親指と人差し指の腹でOリングをつまむように軽く持ちます．もう一方の手でOリングを回すようにすると，均一に塗ることができます．グリスが少ないと十分な防水性を発揮できないため，Oリングには十分に塗布するようにしてください．グリス・アップが完了したOリングは，**写真11-10**(a)のようにスラスタ・ヘッド

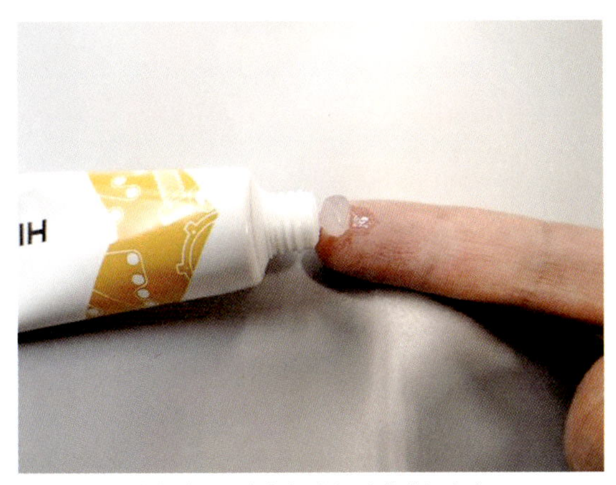

(a) 少量の高真空グリスを指先に出す

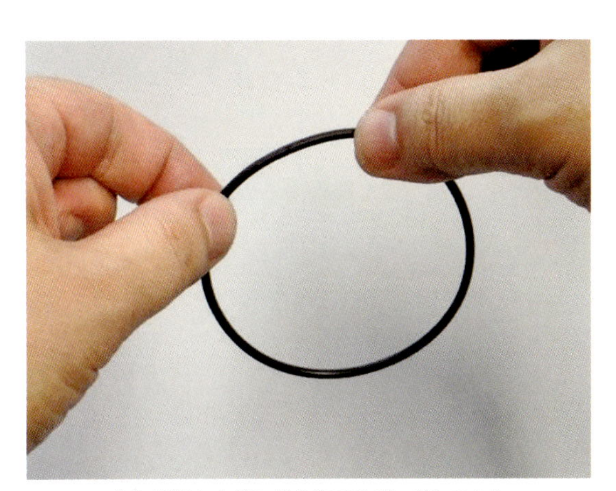

(b) 親指と人差し指の腹でOリングをつまむ

写真11-9　Oリングのグリス・アップ
分かりやすくするため，写真は耐圧容器用のOリングを使用している

(a) スラスタ・ヘッドにグリス・アップしたOリングを取り付ける

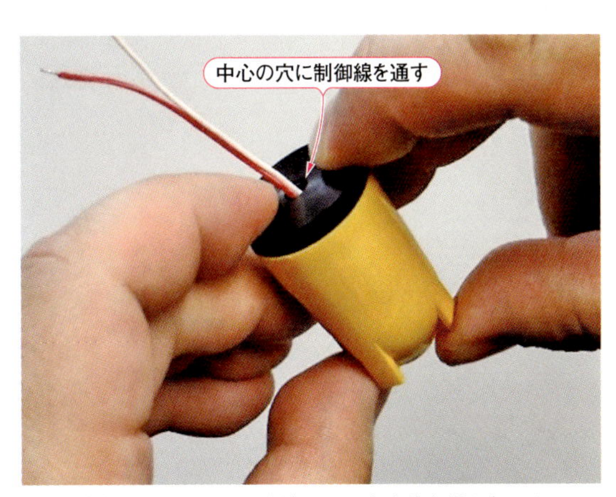

(b) スラスタ・ヘッドとスラスタ本体を組み立てる

写真11-10　スラスタ・ヘッドの取り付け

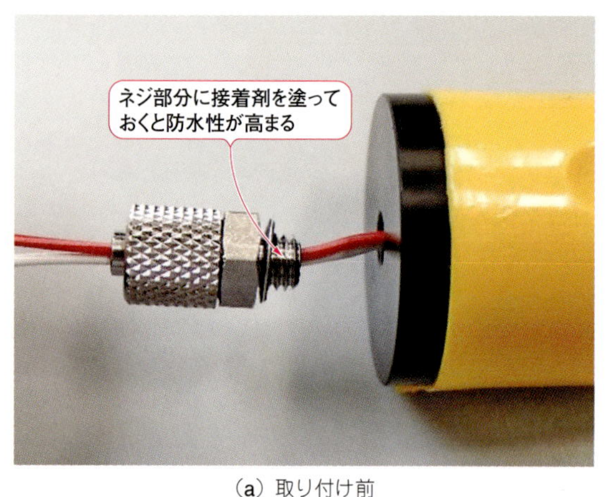

(a) 取り付け前

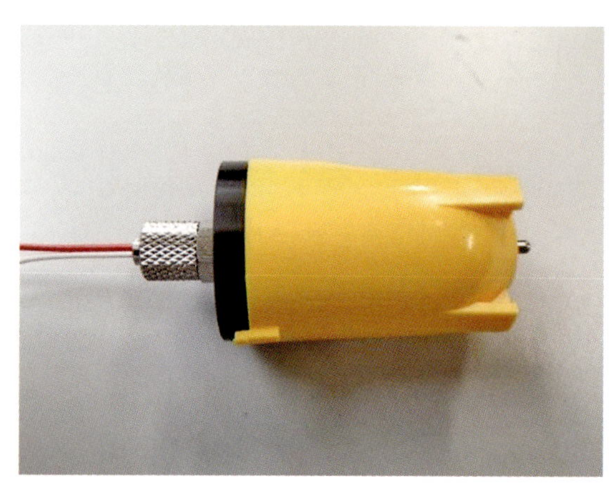

(b) 取り付け後

写真11-11　スラスタ・ヘッドにケーブル・グランドを取り付ける

に取り付けます．

次に，**写真11-10**(b)のようにケーブル取り出し用の穴にモータの制御線を通して，スラスタ本体とスラスタ・ヘッドを組み立てます．このとき，モータにはんだ付けした制御線を挟み込まないよう注意してください．制御線を挟み込むと断線などの原因となり，モータが正常に動作しなくなります．

最後に，ROV-TRJ01基本キットに同梱されている，制御線取り出し用のケーブル・グランドを取り付けます．制御線は，**写真11-11**のようにケーブル・グランドの中を通して外側に取り出しておきます．ケーブル・グランドのネジ部に薄く接着剤を塗布すると，より防水性と堅牢性が向上します．

ケーブル・グランドまで組み立てが終わったら，制御線の保護チューブを取り付けます．**写真11-12**の

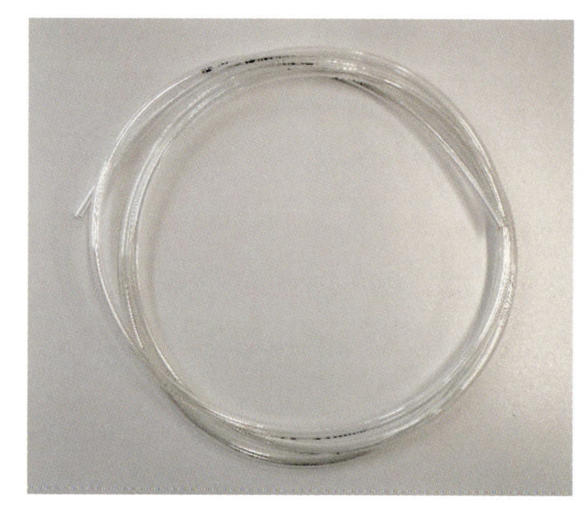

写真11-12　ROV-TRJ01基本キットに付属する透明チューブ

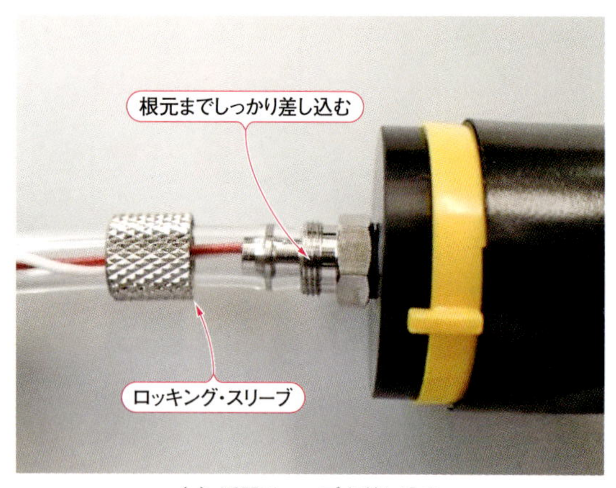

(a) 透明チューブを差し込む

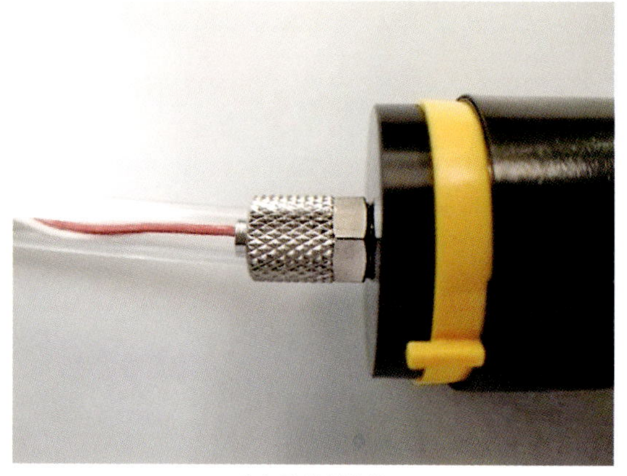

(b) 取り付け後

写真11-13　スラスタ・ケーブルに保護用の透明チューブを取り付ける

(a) 深場潜航用シール材の凹部分へグリスを多めに塗布する

(b) スラスタにシール材を取り付けた状態

写真11-14　スラスタに深場潜航用の防水シール材を取り付ける

ROV-TRJ01基本キットに付属する透明チューブを，30 cmずつ4本に切り分けます．30 cmに切り分けた透明チューブの内部に，スラスタ制御線を通します．初めに，ケーブル・グランドのロッキング・スリーブを外して透明チューブに通しておきます．制御線の根元まで通せたら，**写真11-13**のようにケーブル・グランドにしっかり差し込みます．最後に，ロッキング・スリーブを回らなくなるまでしっかりと固定します．

11-5　深場潜航用シール材を取り付ける

ROV-TRJ01基本キットには，深場に潜航させる場合にスラスタの防水性を高める専用防水シール材が付属しています．このシール材に，水中モータ・キットに付属する防水用グリスの残りを塗布し，**写真11-14**のように取り付けます．シール材の凹面が内側になるように取り付けます．深場用防水シールを使用するとスラスタの回転効率が低減するため，パーツ・キット以外のパーツを使用する場合は，電源の電圧・電流容量に注意が必要です．

11-6　プロペラを取り付ける

スラスタの組み立てが完了したら，最後にプロペラを取り付けます．水中モータに付属しているプロペラ以外に，パーツ・キットでは**写真11-15**に示す3枚翼の大型樹脂プロペラが同梱されています．正回転用と逆回転用の2種類のプロペラが各2個ずつ入っています．**写真11-16**を参考に，各スラスタにプロペラを取り付けます．

プロペラの羽根の部分を強く押すと破損の原因となりますので注意してください．また，組み立て時に左右が逆になると，ROVが正常に動作しなくなるので，取り付ける際には注意が必要です．

プロペラにはM2のネジが切ってあるため，そのままではスラスタのモータ・シャフトが入りません．そこで，**写真11-17**を参考に ϕ2 mm以下のピンバイスでネジ穴を少し大きくしてから，スラスタのシャフト軸に取り付けます．ネジ穴を大きくしすぎてプロペラが簡単に抜けてしまう場合には，シャフト軸の先端に少量の瞬間接着剤を塗布してプロペラを固定してください．その際，防水シールや回転部に接着剤が付着しないように注意してください．

写真11-15　パーツ・キットに同梱されている ϕ30 mmの大型樹脂プロペラ

No.2307.30が右舷用，No.2307.30Lが左舷用

（a）左舷用を取り付けた場合

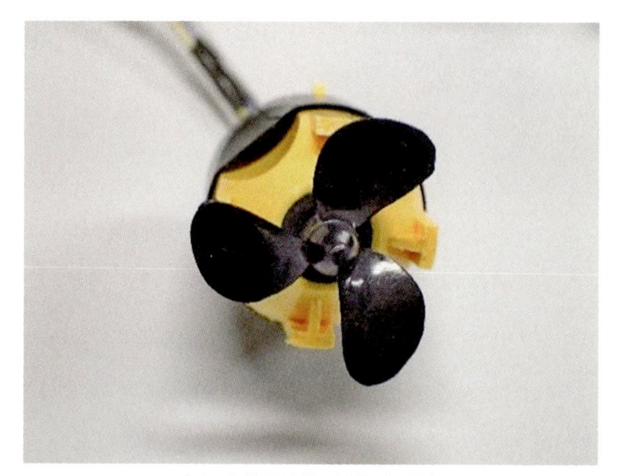

（b）右舷用を取り付けた場合

写真11-16　プロペラをスラスタに取り付けた状態

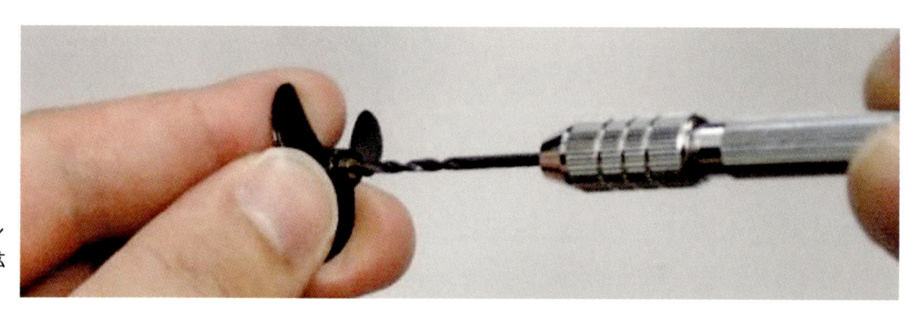

写真11-17　スラスタ・シャフト軸の取り付け穴の拡張

▶家庭用の大型ビニール・プールで「ROV-TRJ01」の走行実験を行っている様子

第12章

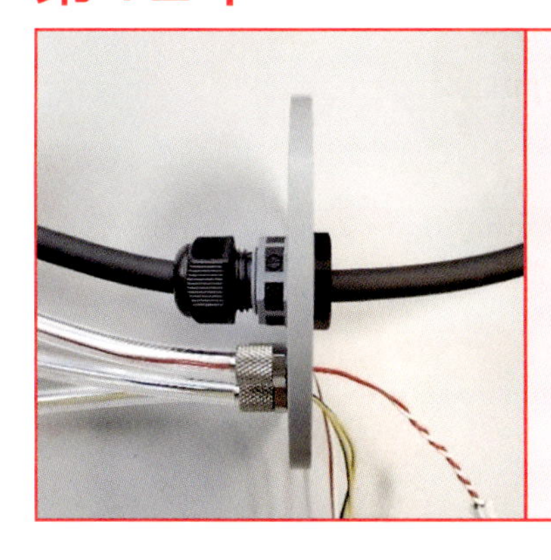

ROVの耐圧容器の構造とケーブルの引き出し方

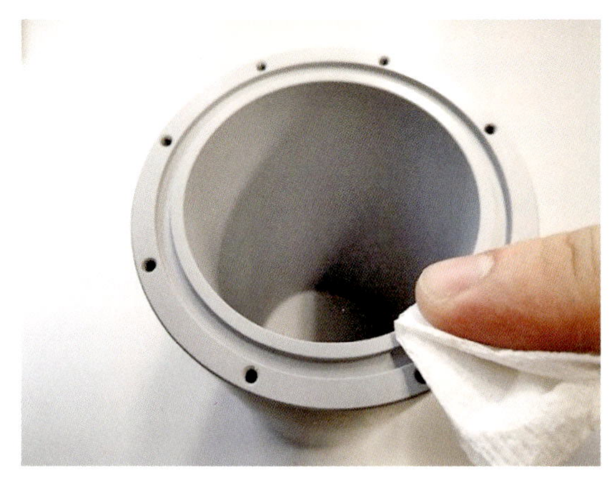

写真12-1　Oリング溝の清掃

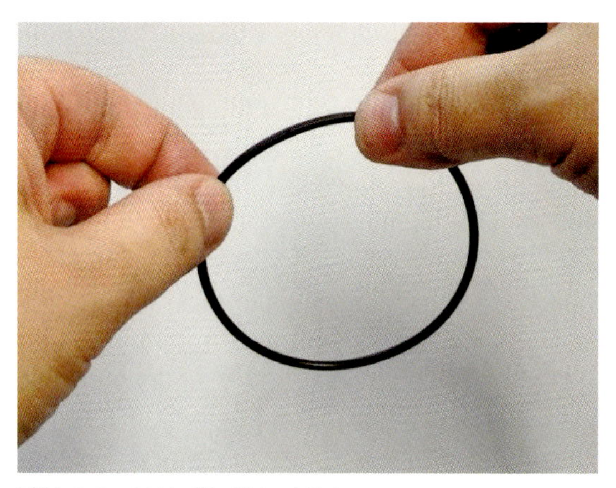

写真12-2　Oリングにグリスを塗布

本章では，ROV-TRJ01の基本パーツ・キットを使って，耐圧容器とフレームを組み立てます．初めに，**写真12-1**を参考に耐圧容器の清掃を行います．特にOリング溝は，ゴミが入っていると浸水の原因となるため，しっかり清掃します．高い圧力がかかる深海では，数mm程度の小さなゴミでもOリングを傷付けてしまいます．工業用紙ワイプ(キムタオルやJKワイパーなど)の使用が好ましいですが，ここではキッチン・ペーパ(または脱脂綿のような柔らかい布)を少し濡らして固く絞ったものを使用します．

このとき，決してアルコールや溶剤の入った薬品は使用しないでください．家庭用洗剤でも種類によっては樹脂が変形する可能性があります．また，ビューポートはアクリルでできているため，アルコールで拭くと白くくもってしまいます．ビューポートの汚れを拭き取る際は，必ず真水と柔らかい布を使用してください．ティッシュ・ペーパは，細かなホコリが付着するため好ましくありません．

12-1　Oリングを取り付ける

Oリング溝，ビューポート，フランジの各部を丁寧に清掃します．清掃が終わった部品は，ゴミが付着しないようにキッチン・ペーパなどの上に置くことをお勧めします．

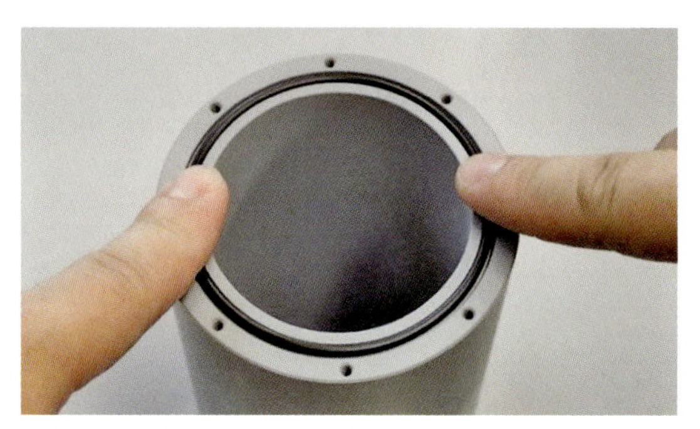

写真12-3　耐圧容器にOリングを取り付ける

水密構造を保つ重要なパーツであるOリングに，**写真12-2**のように防水性を高めるためにグリスを塗布します．グリスは一般的な深海機器で広く使用されている高真空グリスを使用します．人差し指の先に適量のグリスを付け，親指と人差し指の腹でOリングをつまむように軽く持ちます．もう一方の手でOリングを回すようにすると，均一に塗ることができます．グリスが少ないと十分な防水性を発揮できないため，Oリングには十分に塗布するようにしてください．

グリス・アップしたOリングを，**写真12-3**を参考に耐圧容器のOリング溝に嵌めます．人差し指でなぞるようにすると，しっかり溝には嵌まります．Oリングの取り付けが完了したら，再度，高真空グリスを薄く均一に塗布します．塗りむらがあると浸水の原因となるので，しっかりと塗布してください．

12-2　ビューポートを取り付ける

Oリングを取り付けた面に，アクリル・ビューポートを固定します．六角穴付きボルト(M3×10 mm)を使用します．ボルトには，**写真12-4**のようにスプリング・ワッシャと平ワッシャを通します．Oリング面にビューポートを軽く載せ，ネジ穴の位置を合わせます．8カ所全てにボルトを通して軽く締めます．ボルトを最初から強く締め込むと，他の箇所が入らなくなることがあります．初めは仮留め程度に軽く締め，その後，**写真12-5**を参考に対角に締め込んでいきます．このとき，強く締めすぎるとビューポートが割れる恐れがあるので注意が必要です．

12-3　機体フレームを組み立てる

耐圧容器を固定する機体フレームを作成します．ROV-TRJ01の基本キットには，耐圧容器を固定するスキッド・フレームと耐圧容器バンドが各2枚ずつ用

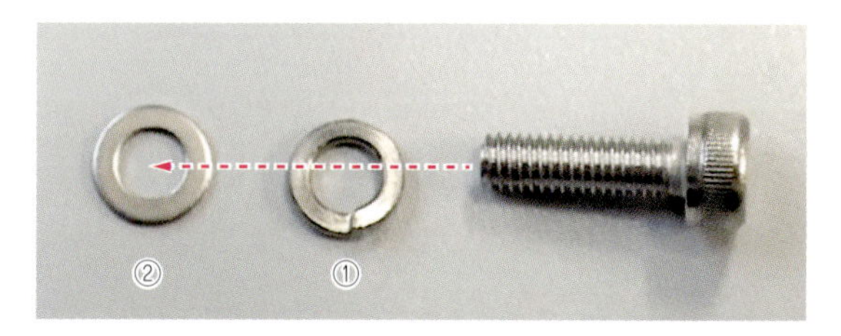

写真12-4　ビューポートを耐圧容器に固定する
①スプリング・ワッシャ，②平ワッシャの順でボルト(M3×10mm)に通す

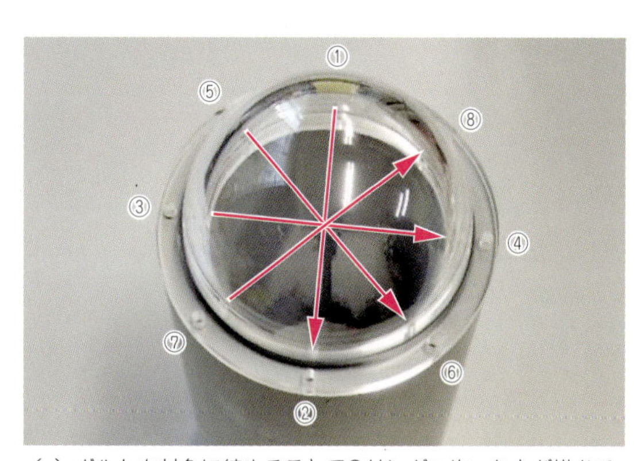

(a) ボルトを対角に締めることでOリングへ均一な力が掛かる

(b) ボルトを締め込みすぎるとビューポートが割れるので要注意

写真12-5　ビューポートの固定方法

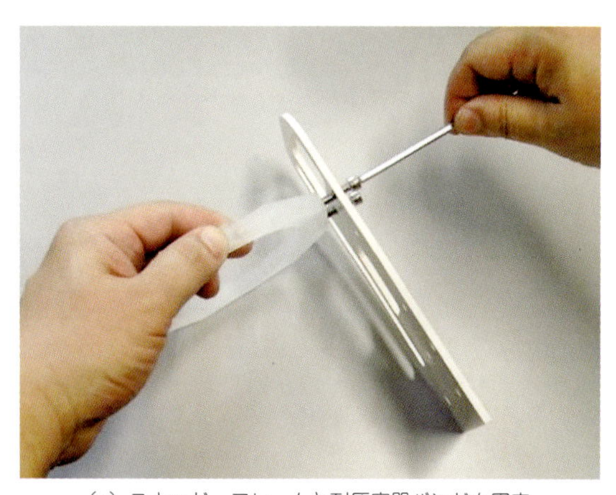

(a) スキッド・フレームと耐圧容器バンドを固定

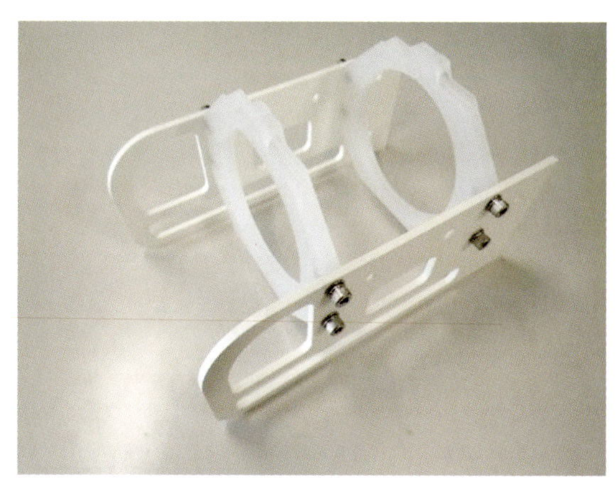

(b) 組み立て完了

写真12-6　機体フレームの組み立て

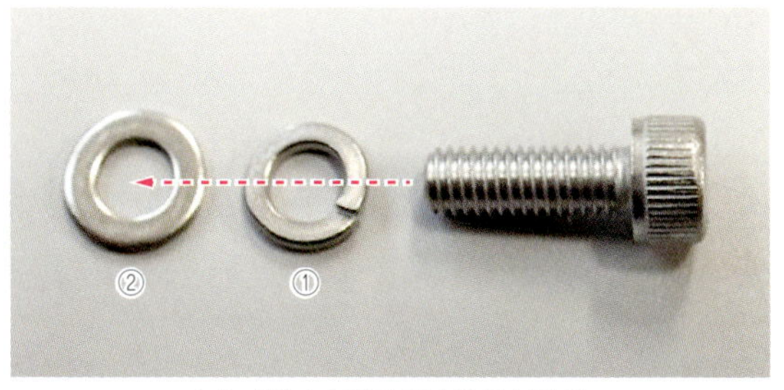

（a）ボルトに①と②を取り付ける

（b）スキッド・フレームの外側にスプリング・ワッシャと平ワッシャを入れる

写真12-7　ボルト，平ワッシャ，スプリング・ワッシャの取り付け方法
①スプリング・ワッシャ，②平ワッシャの順でボルト（M4×14mm）に通す

意されています．**写真12-6**を参考に，スキッド・フレームと耐圧容器バンドのネジ穴を合わせ，六角穴付きボルト（M4×14 mm）で固定します．スプリング・ワッシャと平ワッシャは，**写真12-7**のようにスキッド・フレームの外側に入れます．

スキッド・フレームは，片面はエンボス調，もう片側の面は光沢調になっています．どの面を機体の外側にするかは好みに応じて選択してください．

12-4　フランジを組み立てる

次に，スラスタの制御線とアンビリカル・ケーブルを耐圧容器内に取り込む加工を行います．通常の深海機器の場合，メンテナンス性を考慮して，耐圧コネクタなどを使って耐圧容器と各ケーブルを分離できるように設計しますが，耐圧コネクタは入手が困難かつ高価なため，ここでは貫通コネクタ（ケーブル・グランド）を使用します．

写真12-8を参考に，フランジにスラスタ用のケーブル・グランドを4つ取り付けます．このとき，ネジ部に接着剤を薄く塗布しておくと堅牢性と防水性が増します．フランジには裏表の区別はありませんが，なるべくキズの少ない方を内側（Oリングの当たる面）にするようにしてください．

次に，スラスタの制御線をケーブル・グランドに通します．**写真12-9**を参考にグランドに制御線と透明チューブを通し，最後にロッキング・スリーブで固定します．透明チューブは，しっかりとグランドの根元

写真12-8　フランジにスラスタ用ケーブル・グランドを取り付ける

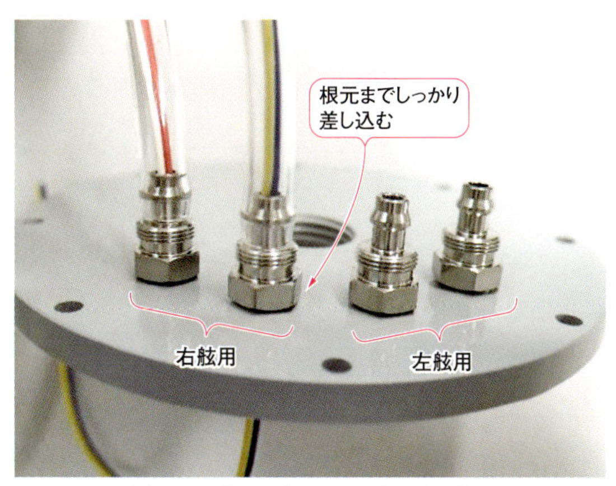

（a）ケーブル・グランドに差し込む様子

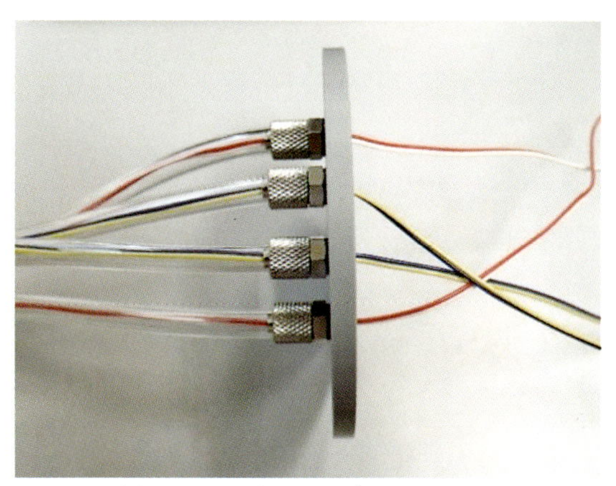

（b）ロッキング・スリーブで固定した様子

写真12-9　ケーブル・グランドに制御線と透明チューブを取り付けた状態

(a) フランジにアンビリカル・ケーブル用のグランドを取り付ける

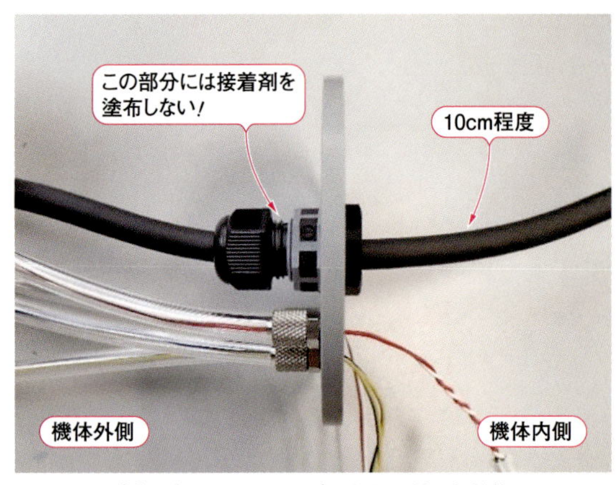

(b) グランドにケーブルを取り付けた状態

写真12-10 アンビリカル・ケーブル用グランドの取り付け

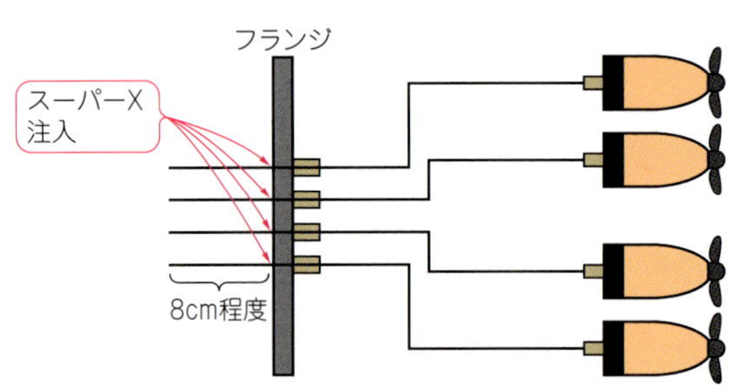

図12-1 スラスタ・ケーブルの取り付け概略図

まで差し込みます．

本製作では，**写真12-9(a)**のように左舷用と右舷用の取り付け位置を決めました．こうすることで，浸水や故障の際に不具合箇所を迅速に特定することができます．

4本のケーブルの取り付けが終わったら，**図12-1**を参考にケーブル・グランドの内側に接着剤(スーパーX)を注入してケーブルを固定します．

次に，**写真12-10**のようにフランジにアンビリカル・ケーブル用のグランドを取り付けます．スパナを使ってフランジの両側から締めることで強固に固定され，防水性が高まります．防水に不安な場合は，ケーブル・グランドのネジ部にスーパーXを塗布しておくと，防水性が高くなります．ケーブル・グランドが固まったら，アンビリカル・ケーブルを通します．ケーブルとグランド内のゴムシール材が接触する部分に高真空グリスを薄く塗布し，ロッキング・スリーブを締めて固定します．機体内部に入れるアンビリカル・ケーブルの長さは，作例では10 cm程度としました．

防水性を高めたい場合は，**写真12-11**のようにケーブル・グランドとアンビリカル・ケーブルの間に接着剤を注入することで防水性と堅牢性が増します．

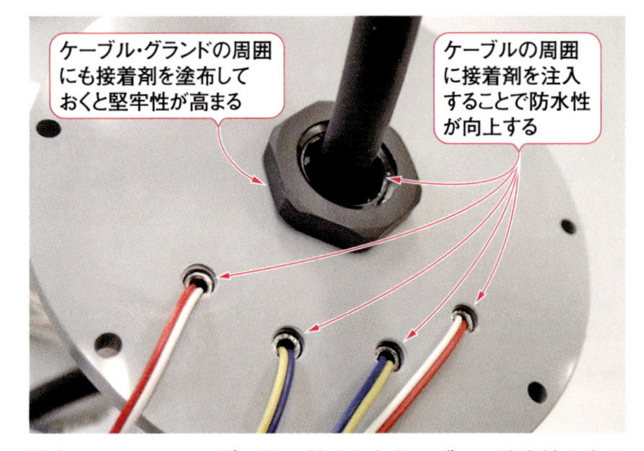

写真12-11 フランジに取り付けた各ケーブルの防水性を向上させる処理

12-5 フランジを取り付ける

12-1節を参考に，Oリングと耐圧容器を清掃し，グリス・アップしたOリングを耐圧容器に取り付けます．Oリングが嵌まったら，再度，高真空グリスを薄く均一に塗布します．

次に，12-4節を参考に六角穴付きボルト(M3×10 mm)でフランジを固定していきます．ただし，次章で内部機器の製作と組み込みを行うため，ボルトは強く締め込む必要はありません．

フランジの固定は，初めから強くボルトを絞め込むと，他の箇所が入らなくなることがあります．初めは仮留め程度に軽く締め，その後，対角にボルトを締め込んでいきます．このとき，強く締めすぎるとフランジが割れる恐れがあります．

第13章

ROVの内部基板の作り方

本章では，ROVの耐圧容器内に格納する制御基板の製作方法を解説します．これは，コントローラからの電力をスラスタに供給するための基板になります．XHコネクタなどを使って，メンテナンス性の高い基板の製作方法を紹介します．

13-1　スラスタ制御基板の製作

「ROV-TRJ01」に同梱されているユニバーサル基板を，幅45 mm×長さ150 mm程度の大きさに切り出します．耐圧容器は，内径65 mm，長さ150 mmなので，これ以下の大きさであれば任意の大きさでかまいません．

コントローラからの制御信号や電力をROVに供給するための各コネクタを，**図13-1**を参考に取り付けます．本機はLANケーブルを使用するため，基板にRJ45モジュラ・ジャックを取り付けます．RJ45モジュラ・ジャックは**写真13-1**のようになっていますが，このままではユニバーサル基板に取り付けることができないため，ペンチで各ピンを少し曲げて基板に取り付けられるように調整します．また，**写真13-1**に示す矢印の部分は，基板取り付け時に干渉するため切り取っておきます．

次に，各スラスタに電力を供給するためのXHコネクタ(レセプタクル)を取り付けます．この後の配線作業が容易に行えるように，十分な間隔を空けて位置を決めてください．各コネクタの取り付け位置が決まれば，**図13-1**を参考にRJ45モジュラ・ジャックの各ピンとXHコネクタを電線で結線します．この結線には，コントローラから切り出した4色の電線(赤・白・青・黄)を使用します．

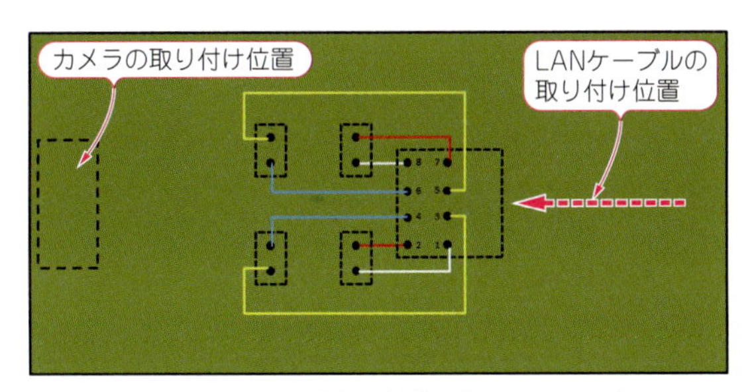

図13-1　ROV内部の制御基板の結線図(リア・ビュー)

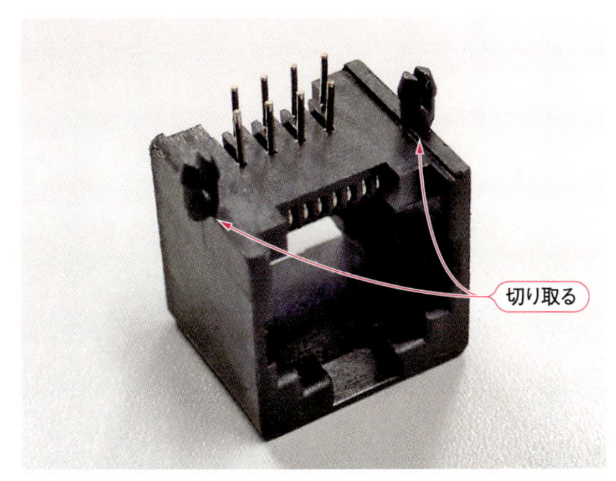

写真13-1　RJ45モジュラ・ジャックの加工方法

13-2　コンタクト・ピンの圧着加工とハウジングの取り付け

前章でフランジに取り付けたスラスタ制御線の被覆の先端を5 mmほど剥(む)き，コンタクト・ピンとXHコネクタ(プラグ)を取り付けます．このとき，被覆を剥いた電線にはんだメッキをしておくと強度が増します．被覆を剥いた電線は，**写真13-2**のようにコンタクト・ピンを圧着機で固定します．

写真13-3のように各線へのコンタクト・ピンの圧着ができれば，XHコネクタ(プラグ)のハウジングに挿入します．コンタクト・ピンは，抜け防止用のツメが見える位置までしっかりと差し込みます．抜け防止対策が機能していないと，コネクタを抜く際にピンだけ抜けることがあります．

コンタクト・ピンをハウジングに取り付ける際は，**図13-2**のように基板のコネクタ(レセプタクル)の配

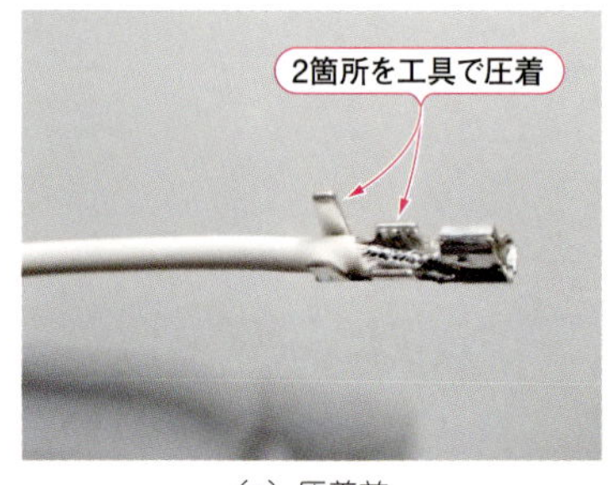

(a) 圧着前

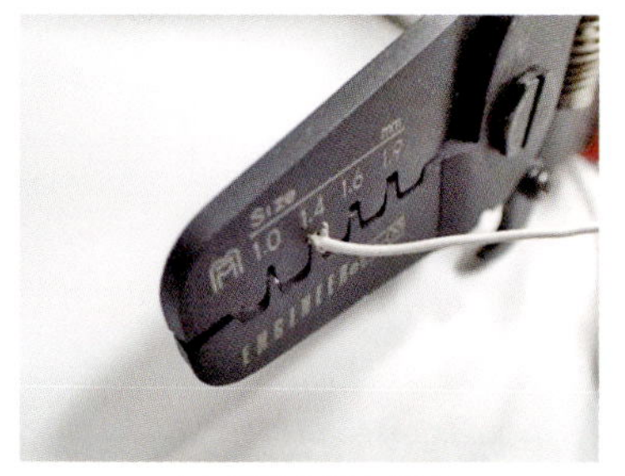

(b) 圧着作業の様子

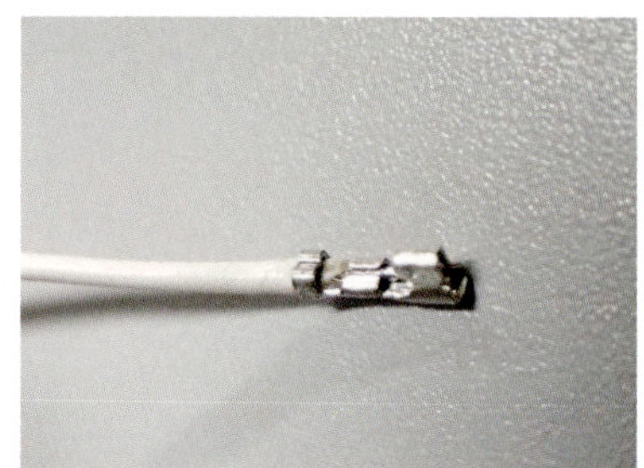

(c) 圧着後

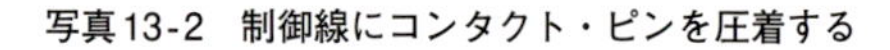

写真13-2　制御線にコンタクト・ピンを圧着する

(a) 取り付け前

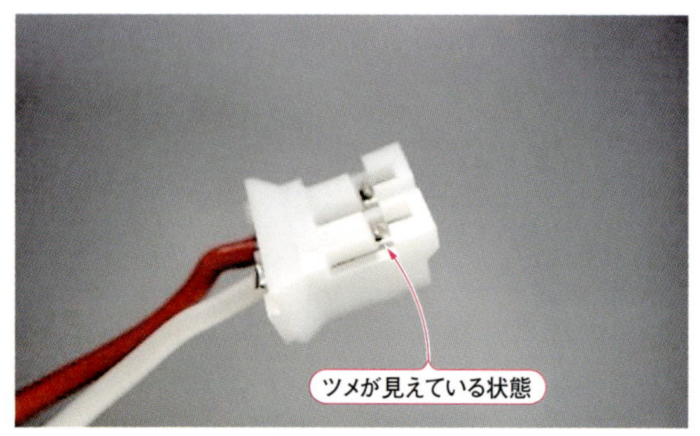

(b) 取り付け後

写真13-3　コンタクト・ピンをハウジングへ挿入する

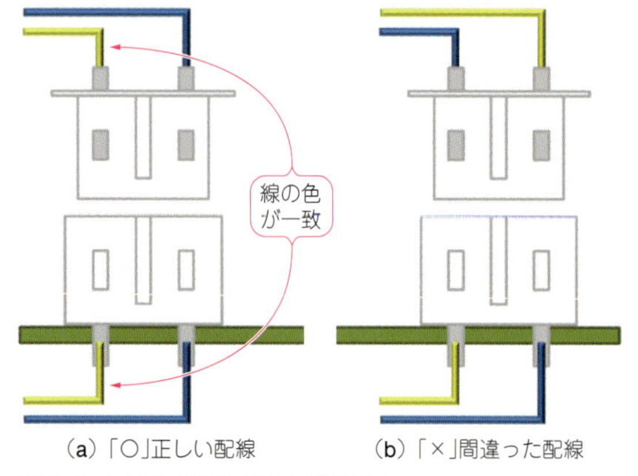

(a)「○」正しい配線　(b)「×」間違った配線

図13-2　コネクタ取り付け時の注意点
基板側の配線と制御線の色が一致しているかを確認しながら，各ケーブルをハウジングに取り付ける

線と同じ色の場所に挿さるように注意してください．レセプタクルの配線色とプラグの配線色が一致していないと，スラスタが逆回転するなど，正常に動作しません．

13-3　カメラの取り付けと配線

ROVの目となるカメラを基板に取り付けます．ROV-TRJ01基本パーツ・キットに同梱されているカメラは，市販の広角カメラを使用しているため，テレビ・モニタには反転して映し出されます．これを修正するため，**写真13-4**(**b**)のようにカメラの配線を一部カットします. 切断面は，ショートしないようにビニール・テープなどを巻いておいてください．

次に，カメラを取り付けるためのネジ穴をユニバーサル基板に開けます(**写真13-5**)．カメラの取り付け位置を決めて，穴を開ける箇所にマジックなどで印をつけます．位置が決まれば，ϕ3 mm程度のピン・バイスを使って基板に穴を開け，**写真13-6**のようにカメラをM3×6 mmのネジとナットで固定します．

ただし，このように基板にカメラを取り付けると，映像の上下がさかさまの状態になってしまいます．そこで，カメラ後部のネジ3本を外して，**写真13-7**のように上下を入れ替えて再度固定します．このとき，ネジ穴の位置が変わってしまうので2本のネジで固定します．

13-4　カメラの配線

次に，カメラのケーブルを加工します．カメラに付属しているケーブルは，**写真13-8**のようになっています．分岐部分から赤黒の電源線とモールド・ケーブ

(a) 基本パーツ・キットに同梱されているカメラ本体とケーブル

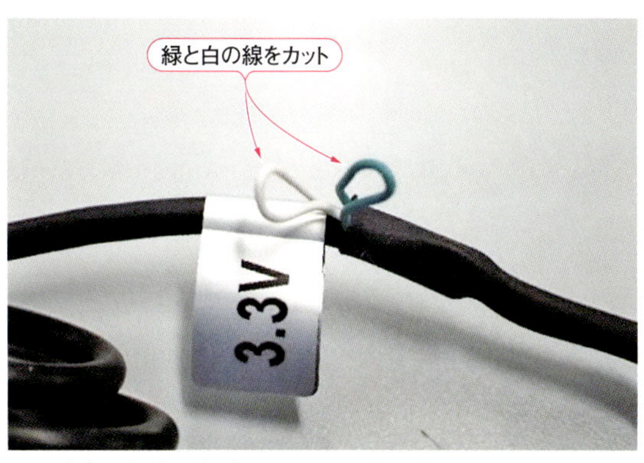

(b) 反転表示とガイドラインの表示方法を選択する線

写真13-4　カメラの配線を加工する

(a) 穴を開ける箇所にマジックで印を付ける

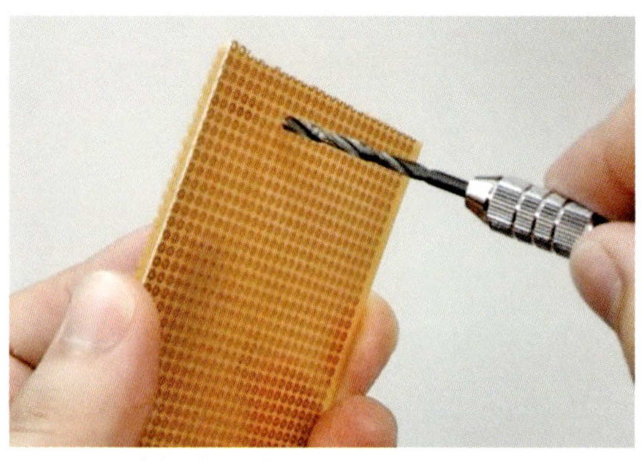

(b) ピン・バイスで基板に穴を開ける

写真13-5　ユニバーサル基板にカメラを取り付ける

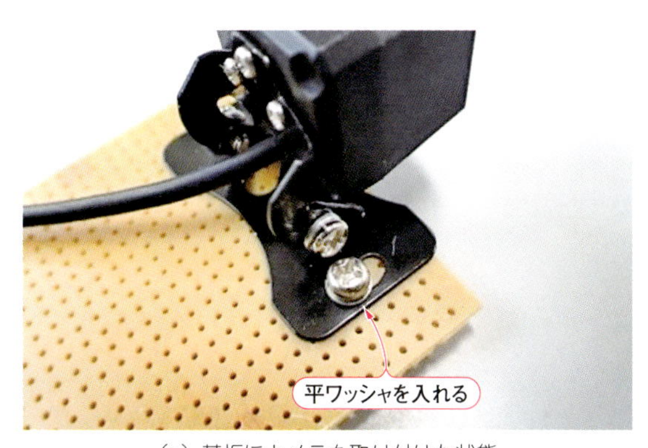

(a) 基板にカメラを取り付けた状態

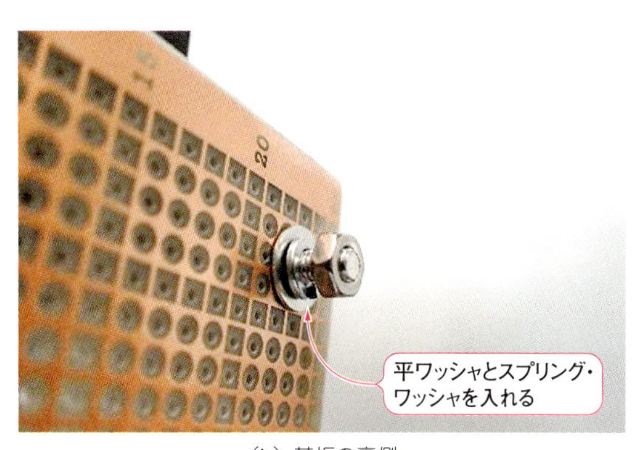

(b) 基板の裏側

写真13-6　カメラをネジとナットで固定

ルが出ています．赤黒の電源線は，バッテリなどに直結させる際に使用する線なので，本機では使用しません．ROV筐体内で邪魔になるため根元から切り取ります．

本機では，黄色と赤色のコネクタが付いたモールド・ケーブルを使用します．モールド・ケーブルは，分岐部分から10 cm程度の位置で切断します．黄色と赤色のコネクタが付いているケーブルは，アンビリカル・ケーブルを加工する際にまた使用します．

カメラ・ケーブルの切断部のモールドを剥くと，写

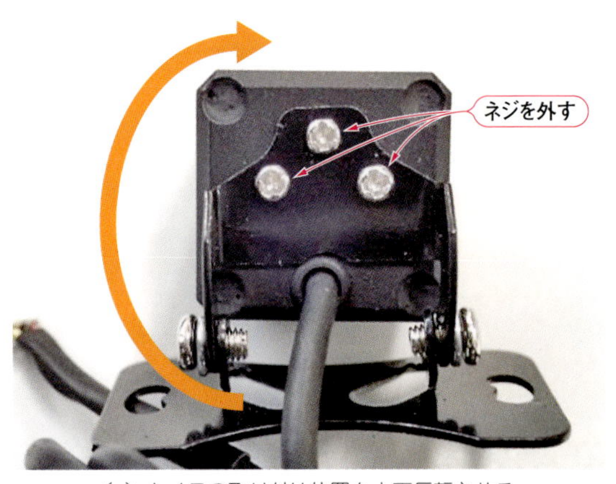

（a）カメラの取り付け位置を上下反転させる

（b）上下を反転させた後の様子

写真13-7　カメラ取り付け方向の変更

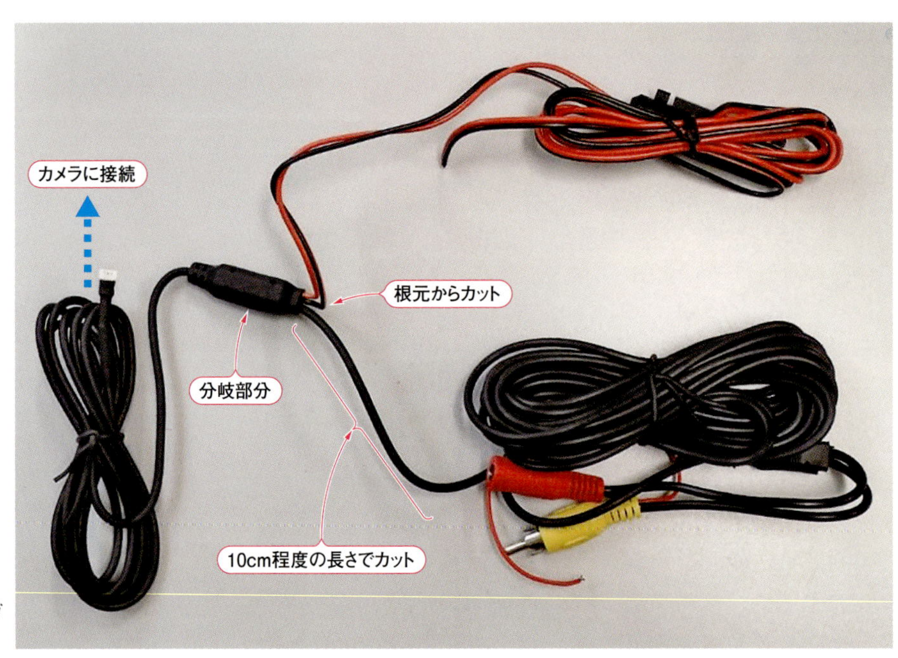

写真13-8　カメラ・ケーブルの加工方法

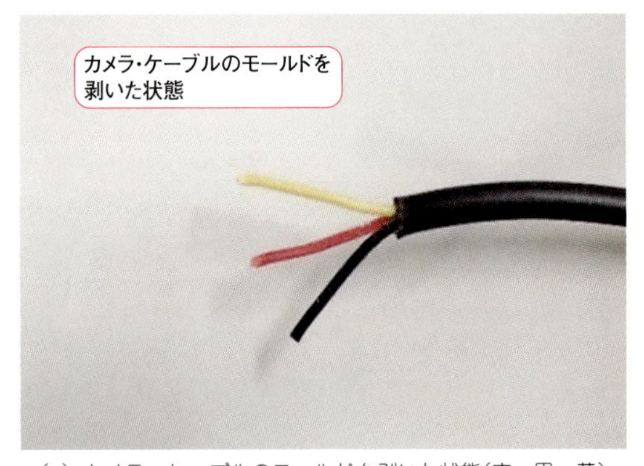

（a）カメラ・ケーブルのモールドを剥いた状態（赤，黒，黄）

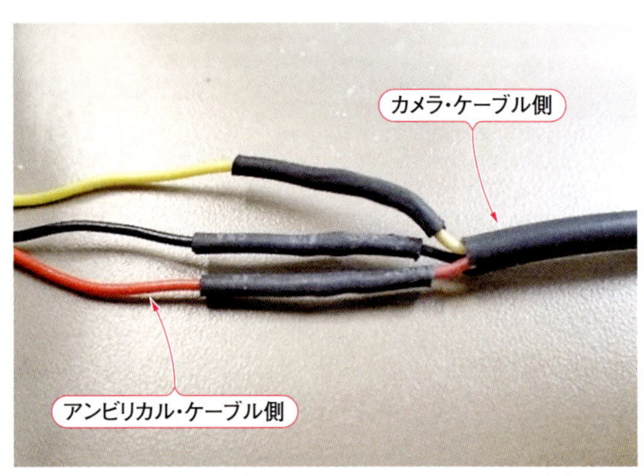

（b）赤，黒，黄それぞれの被覆を剥いて同色の線を結線する

写真13-9　カメラ・ケーブルとアンビリカル・ケーブルの結線

真13-9(a)のように中から赤，黒，黄の3本の線が出てきます．それぞれ，赤はプラス電源，黒はGND，黄はビデオ信号となっています．これらの各線の被覆を剥いて，写真13-9(b)のようにアンビリカル・ケーブルの同色の線と結線します．このとき，各線がショートしないように熱収縮チューブで保護します．

コラム6　現在開発中！深海DNA採取装置

深海生物の多くは，高い圧力下で生息しているため，採取して船上に持ち帰っても，原型を留めないものが少なくありません．**写真13-A**は水深約500 mから採取した魚(トウジンの仲間)ですが，水圧から開放されたことで目や浮き袋が飛び出してしまっています．

これまで，DNAの解析に用いる生物サンプルや目に見えないほど小さな原生生物などは，いかに原型を保ったまま大気圧下に持ち帰るかが課題でした．

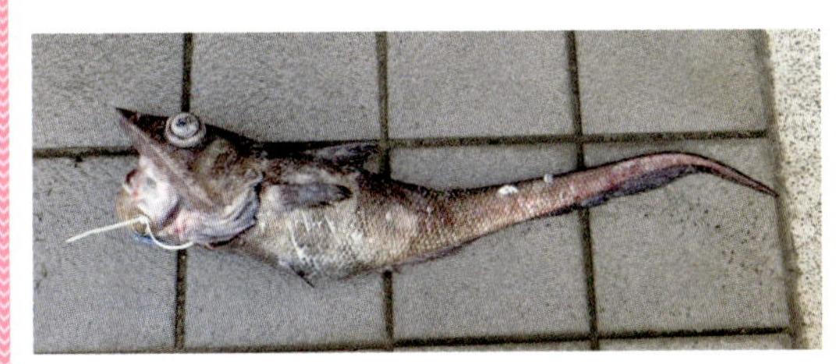

写真13-A　圧力が開放され内臓が飛び出した深海魚

そこで，深海底に生息する数μm～数十μmの原生生物を海水ごと採取し，その場で特殊な薬液によりDNAを固めて持ち帰ることを考えました．

この装置は，2つの金属製耐圧タンクと2台のポンプ(海水吸入用，薬液送液用)などから構成されています(**図13-A**)．ポンプはマグネット・カップリング式(磁石の力を利用して非接触でトルク伝達を行う方式)の3相交流モータを使用し，モータ軸から海水や薬液が入らないようにしています．また，マグネット・カップリングとすることで，軸受け部の摩耗による機器トラブルや整備に掛かる手間を減らす狙いもあります．

海水と薬液を混合する際には，探査機のマニピュレータにより手動式三方向弁を操作して流路を切り替えます．電磁弁などを用いずに手動式にすることでシステムを簡略化でき，数少ない調査の機会でも確実に動作するように工夫しています．

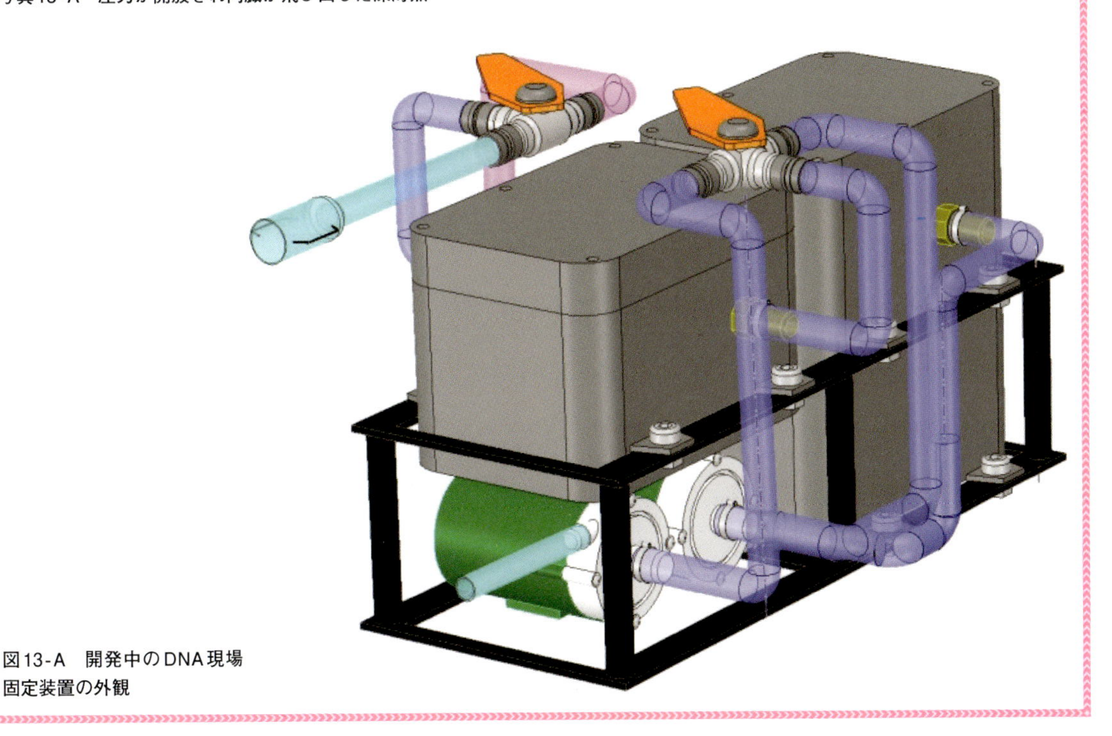

図13-A　開発中のDNA現場固定装置の外観

第14章

アンビリカル・ケーブルの加工

本章では，ROV-TRJ01の基本パーツ・キットに含まれている多芯ケーブルを使って，スラスタ制御用の電力とカメラの映像信号を伝送するアンビリカル・ケーブルを製作します．

スラスタ制御用には白/橙，橙，白/緑，緑，白/青，青，白/茶，茶の電線を使用し，赤，黒，黄の電線はカメラの配線で使用します．それ以外の白/赤，白/黒，白/黄，灰，白/灰の各線は，LED投光器などを付ける際の拡張用に使用しますが，本書で紹介する製作では使用しません．

14-1　スラスタ制御線の製作

操縦装置からROV本体の各スラスタを制御するため，アンビリカル・ケーブルを加工して制御線を作成します．スラスタ制御には，アンビリカル・ケーブル内の8本の電線を使用します．本機では，今後，Ethernetを使った制御や通信なども行うことも考慮して，市販のLANケーブルと同じ仕様にします．

まず，パーツ・キットに同梱されているLANケーブルを中心付近で2本に切り分けます．切断して2本になったLANケーブルには，**写真14-1**のように5cmほどの長さに切ったφ8mmの熱収縮チューブをあらかじめ通しておきます．これは，最後の工程でケーブルを保護するために使用するので，はんだ付けの熱が伝わらない位置にセロテープなどで仮留めしておきます．

LANケーブルの切断した部分の被覆を2cmほど剥(む)いて，内部の信号線を取り出します．さらに，8本の信号線の先端部の被覆も剥いてはんだメッキをしておきます．次に，アンビリカル・ケーブルの8本の信号線についても同様に被覆を剥いて各線の先端にはんだメッキをしておきます．各ケーブルの準備ができたら，**写真14-2**のようにLANケーブルとアンビリカル・ケーブルの各線を同じ色同士(白/橙，橙，白/緑，緑，白/青，青，白/茶，茶)で結線します．このとき各線がショートしないように，φ2mmの熱収縮チューブで絶縁処理をしておきます．この加工をアンビリカル・ケーブルの両端(ROV側，操縦装置側)に施します．

14-2　操縦装置側のカメラ信号線の配線

ROVに搭載したカメラに電源を供給するとともに，リアルタイムで陸上(または船上)に映像を伝送する信

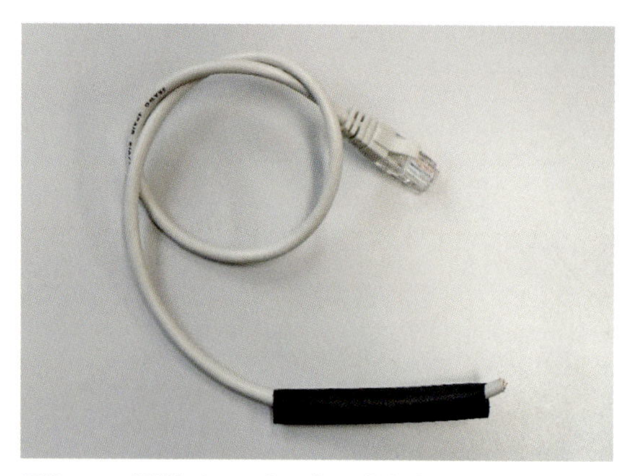

写真14-1　切断したLANケーブルに熱収縮チューブを取り付けた様子

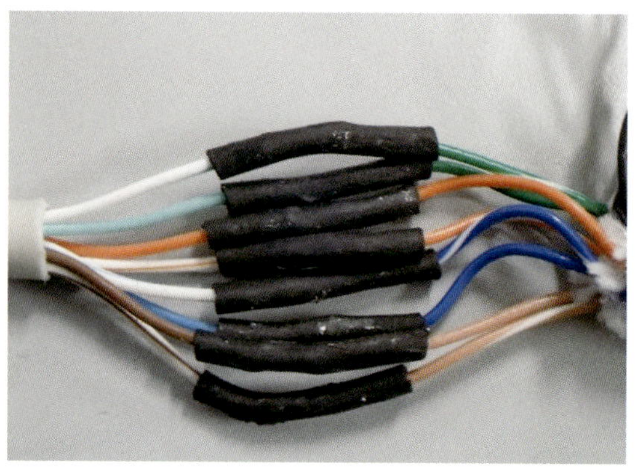

写真14-2　LANケーブルとアンビリカル・ケーブルの接続
各ケーブルの電線を同じ色同士で結線する

号線の加工を行います．ROV側の配線の加工については第13章で説明しているので，ここではカメラに電力を送る電源ジャックと，操縦装置側のテレビ・モニタに映像を伝送するRCAビデオ端子の加工について解説します．

ここでは，第13章の13-4節で切り分けた**写真14-3**に示すカメラに付属するモールド・ケーブルを使用します．まず，切断した部分のモールドを剥いて，内部から3本の信号線を取り出します．赤，黒，黄の3本の各線は，赤はプラス電源，黒はGND，黄はビデオ信号となっていて，映像と電力のGNDは共通になっています．これら各線の先端の被覆を剥いて，**写真14-4**のようにアンビリカル・ケーブルの同色の電線と結線します．

このとき，各線がショートしないようにϕ2 mmの熱収縮チューブで絶縁処理をしておきます．また，**写真14-4(c)**のように，ϕ8 mmの熱収縮チューブの中を通しておくと結線部の保護にもなります．

スラスタ制御線，カメラ通信線の結線が終わったら，最初に通しておいたϕ8 mmの熱収縮チューブを結線部に被せて収縮処理をします．

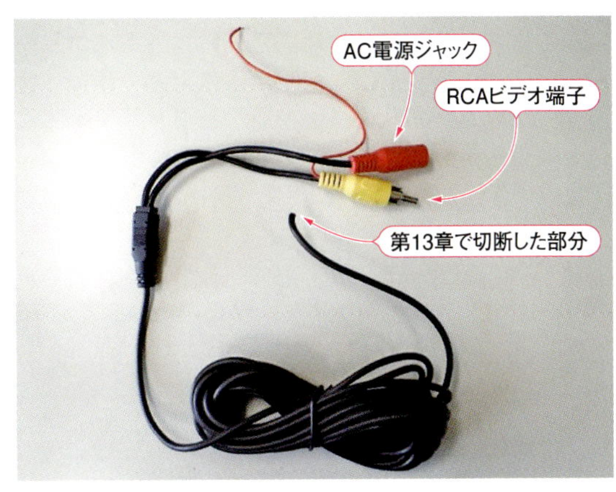

写真14-3　操縦装置側に接続するカメラ用モールド・ケーブル

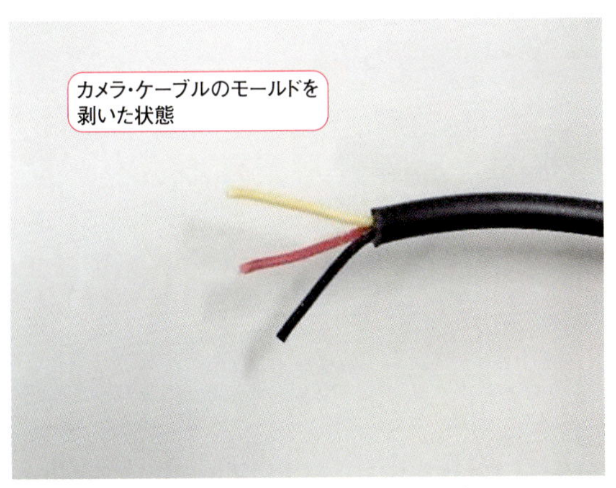

(a) モールドを剥いて信号線を取り出す

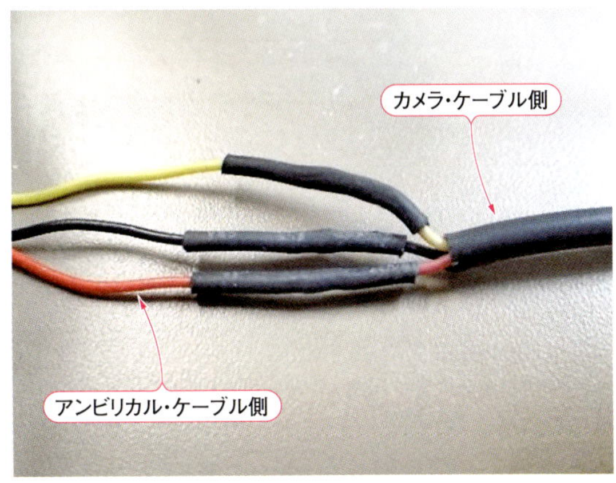

(b) 同色の電線同士を結線する

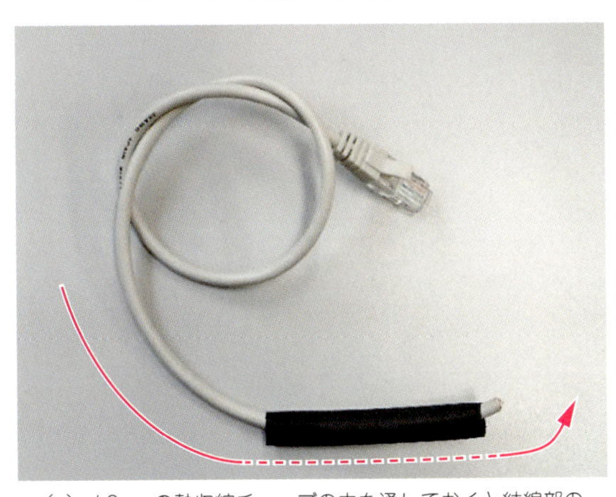

(c) ϕ8mmの熱収縮チューブの中を通しておくと結線部の保護になる

(d) 収縮処理後のケーブル

写真14-4　カメラ・ケーブルとアンビリカル・ケーブルの結線

14-3 RJ45コネクタを使用したアンビリカル・ケーブルの加工

本機では使用しませんが，LAN用のRJ45コネクタを使用したアンビリカル・ケーブルの加工方法について説明します．最近では，100円均一ショップなどでもLANケーブルが容易に入手できるため，ここでは電子工作の知識の1つとして解説します．

RJ45コネクタは，8本の信号線を使用します．LANに使用する信号線の配色は規格で決まっているため，市販のLANケーブル(Cat.5e)と同じく，**写真14-5(b)**のように右端から，白/橙，橙，白/緑，青，白/青，緑，白/茶，茶とします．LANケーブルの規格に合わせておくと，将来，Ethernetを使った制御や通信にも対応することができます．

LANケーブルを製作するには，**写真14-6**のようなRJ45コネクタと専用の圧着工具を使用します．写真の圧着工具を使うと，8Pまたは6Pのコネクタを加工することができます．圧着する各電線を**写真14-5(b)**のようにRJ45ジャックに挿し込んでいきます．しっかりと奥まで差し込んでおかないとうまく圧着できず，電線が抜けてしまいます．次に，圧着工具の8P側にジャックを差し込み，工具の柄の部分を握って圧着します．これでRJ45コネクタの加工は完了です．この加工をケーブルの両端で行います．

(a) ケーブルを剥くと現れる8本の信号線

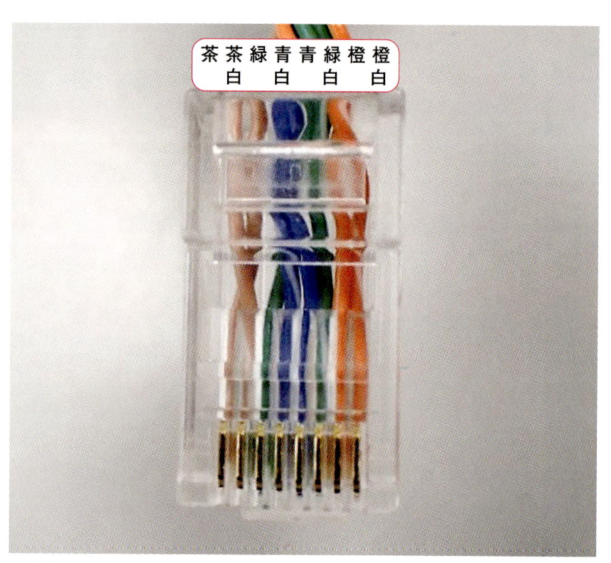

(b) Cat.5eのLANケーブルの規格に合わせてジャックに差し込む

写真14-5 スラスタ制御線の加工

(a) LANケーブルの製作に使用するRJ45コネクタ

(b) 圧着工具にRJ45コネクタを装着したところ

写真14-6 LANケーブルの製作

第15章

スラスタ/制御基板/配線を筐体に固定する

本章では，前章までに製作したパーツを耐圧容器やフレームに取り付けて，水中部となるROV本体を組み上げます．

15-1 耐圧容器に内部基板を取り付ける

カメラを搭載したスラスタ制御基板を耐圧容器の中に取り付けます．**写真15-1**，**図15-1**を参考に，フランジから出ている各配線(LANケーブル，スラスタ制御ケーブル×4本，カメラ・ケーブル)をそれぞれのコネクタに取り付けます．

各コネクタの結線が完了したら，基板を耐圧容器内に格納します．ビューポート側から見て，カメラが水平になるように調整します．だいたいの位置が決まったら，制御基板を耐圧容器内に固定します．しっかり固定したければ，スーパーXなどの接着剤を使用する

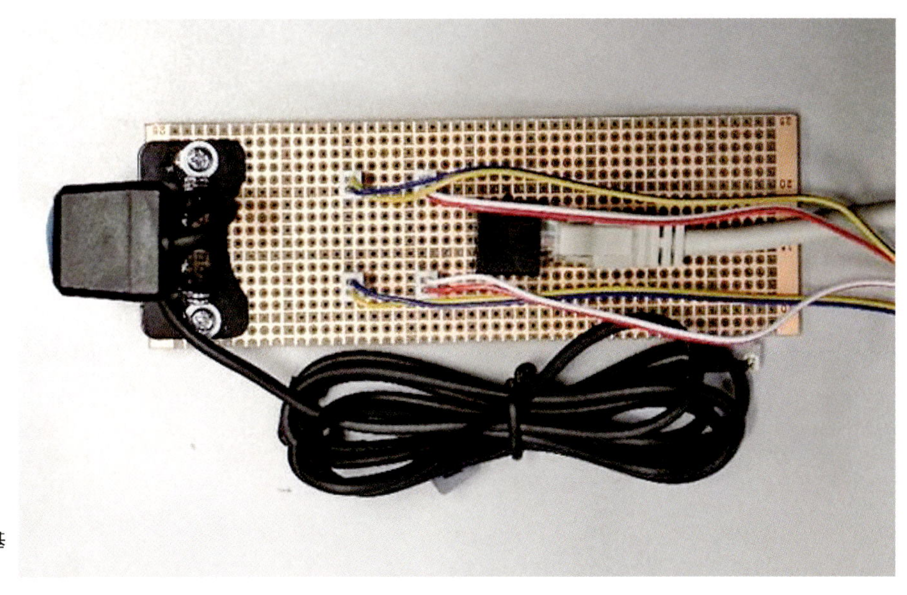

写真15-1　スラスタ制御基板に各電線を取り付ける

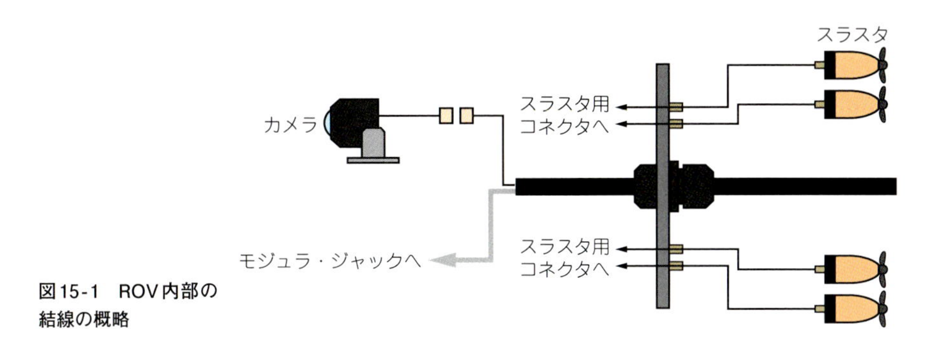

図15-1　ROV内部の結線の概略

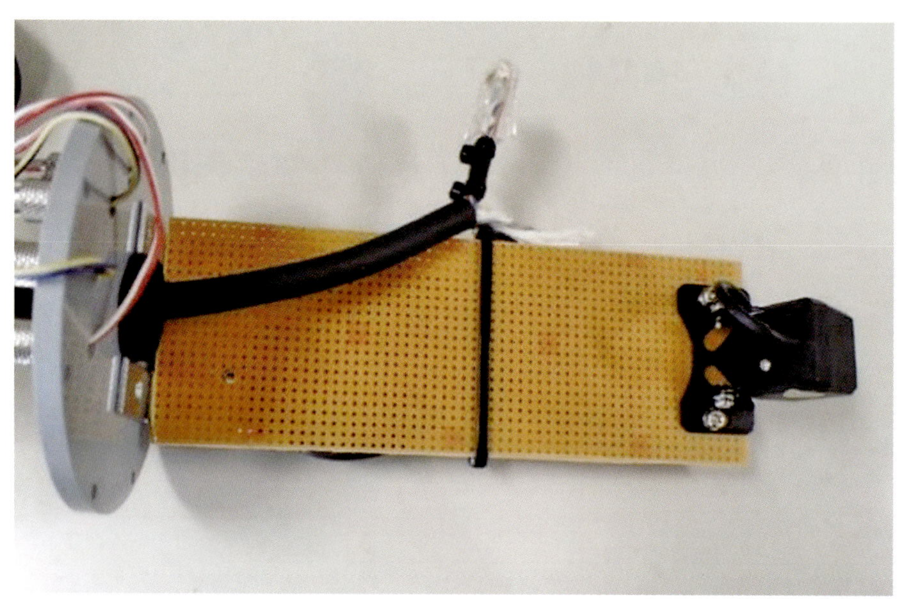

写真15-2　L字金具を使って基板をフランジに固定する例

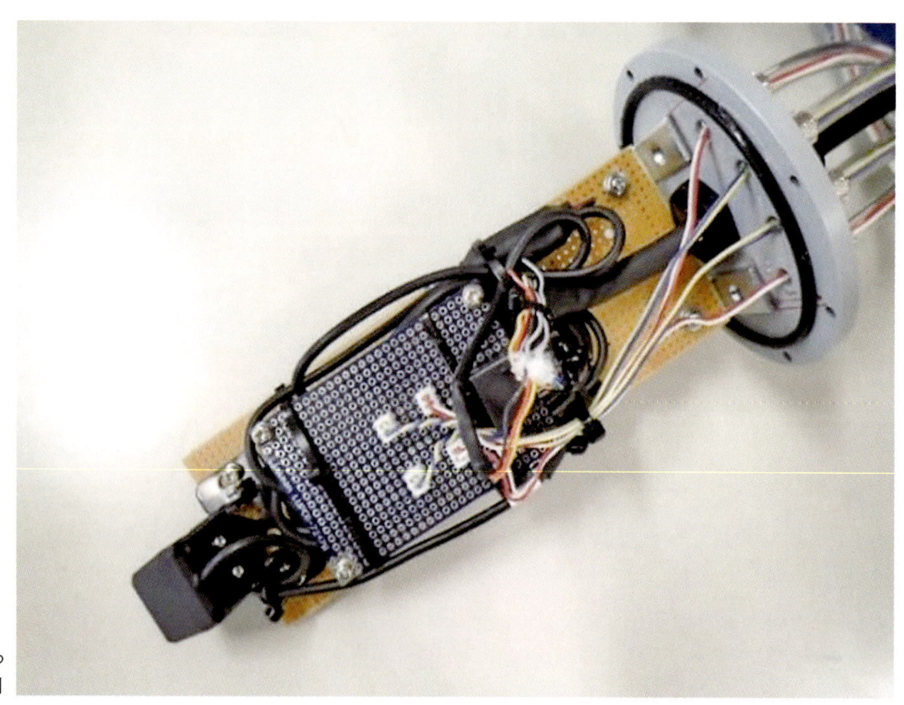

写真15-3　スタットを使って基板を階層状に組んだ例

と堅牢性が向上します．今後，調整や改造などを行う場合は，ビニール・テープなどで仮留めしておきます．

写真15-2と**写真15-3**は，L字金具を使って基板を取り付ける例です(キットにL字金具は含まれていません．耐圧容器内に基板を格納してください)．フランジにL字金具を接着し，基板を載せてネジで固定しています．ボード・コンピュータや加速度センサなどの基板を搭載する場合は，制御基板の上にスタットなどを使って階層状に組むことでデッド・スペースを有効に活用できます．

スタットを使って基板同士をネジ止めすると，堅牢性や整備性を高めることができます．**写真15-3**は，スラスタ制御部を別基板にした事例です．スタットを使ってメイン基板上に階層状に取り付けています．これにより各基板との間にスペースができるため，カメラなどの配線を奇麗に収納することができます．

写真15-4 機体フレームにスラスタ・バンドを固定する
平ワッシャとスプリング・ワッシャは，六角ナット側に入れる

写真15-5 スラスタが抜け落ちる場合の加工

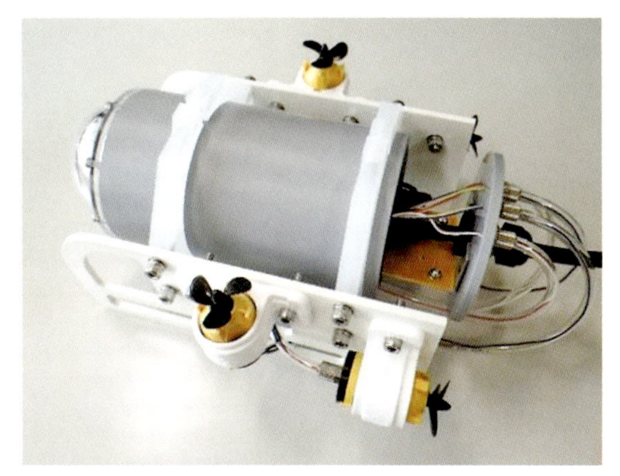

(a) 背面フランジを固定する前

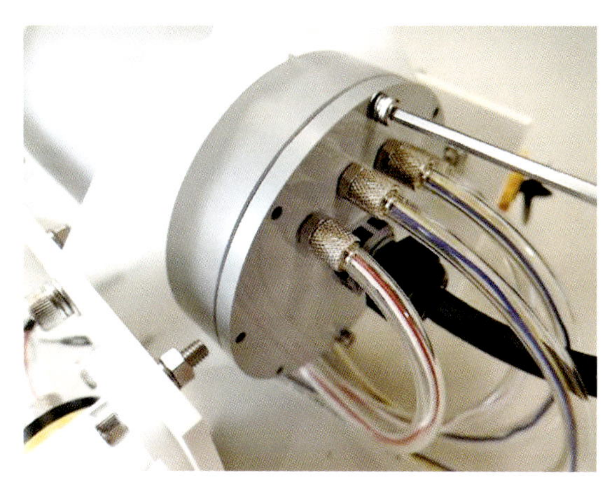

(b) Oリングにかかる力が均等になるようにボルトを対角に締める

写真15-6 配線を挟み込まないように注意しながら背面フランジを固定する

15-2 スラスタをフレームに固定する

ここまで組み終えた耐圧容器一式を，第12章の12-3節で組み立てた機体フレームに取り付けます．ここではまだ耐圧容器は完全に固定せず，仮組みにしておいてください．次に，各スラスタを**写真15-4**のようにスキッド・フレームに取り付けます．本製作では，基本パーツ・キットに同梱されている樹脂バンドとM4×18 mmのネジで固定しますが，Uボルトなどでもかまいません．このとき，スラスタが垂直，または水平となるように調整しながら，ボルトを左右対称に締め込みます．

ネジを締めてもスラスタが抜け落ちてしまう場合には，**写真15-5**のようにスラスタ本体にビニール・テープを2～3回巻くとしっかり固定することができます．

写真15-7 結束バンドなどを使ってケーブルをフレームに固縛する

15-3　フランジの固定

ここまでの配線と組み立てが終わったら，**写真15-6**を参考に背面フランジを固定します．このとき，スラスタ制御線やOリングを挟み込まないように注意してください．挟み込んだままボルトを締めると，断線や制御不良，浸水などの原因になります．また，ボルトは一度に締め込まず，Oリングにかかる力が均等になるように，第12章の12-2節で紹介したビューポートの取り付けを参考に，対角に締めてください．特定箇所を強い力で締め込むと，フランジが変形して浸水の原因になります．

各部の固定が完了したら，フランジとスラスタを結ぶ透明チューブの固縛を行います．**写真15-7**のように，結束バンドなどを使ってフレームに固定します．実際の深海探査機においても，水中での抵抗をなるべく小さくしたり，水流でケーブルが揺れることで，コネクタが緩んだりすることがあります．そのため，ケーブル類はフレームなどに添わせて固定します．

15-4　耐圧容器の固定

最後に，機体フレームに耐圧容器を固定します．耐圧容器内の機器の重量により前後のバランスが変わるため，ここではほぼ中央に取り付けておきます．また，カメラ映像が斜めにならないよう，カメラを取り付けた基板が水平になる位置に調整します．

耐圧容器の取り付け位置が決まったら，耐圧容器バンドを六角穴付きボルト(M3×15 mm)とキクワッシャ，ワッシャ，ナットで締め込んで，**写真15-8**のように固定します．なお，後で機体のバランス調整が可能なように，仮留め程度にしておきます．これでROVの水中部は完成です(**写真15-9**)．

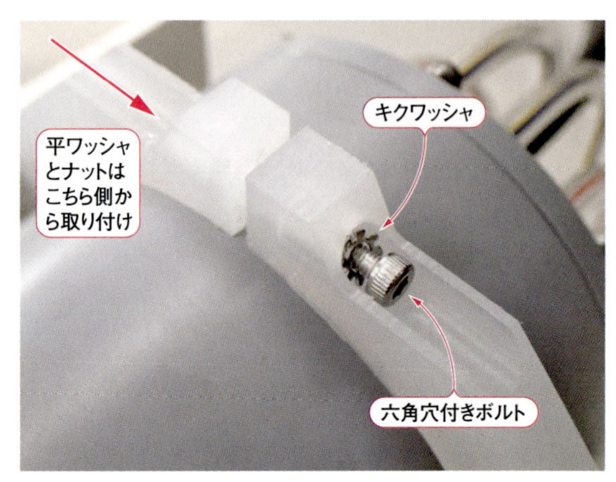

写真15-8　キクワッシャはボルト側に，平ワッシャはナット側に取り付ける

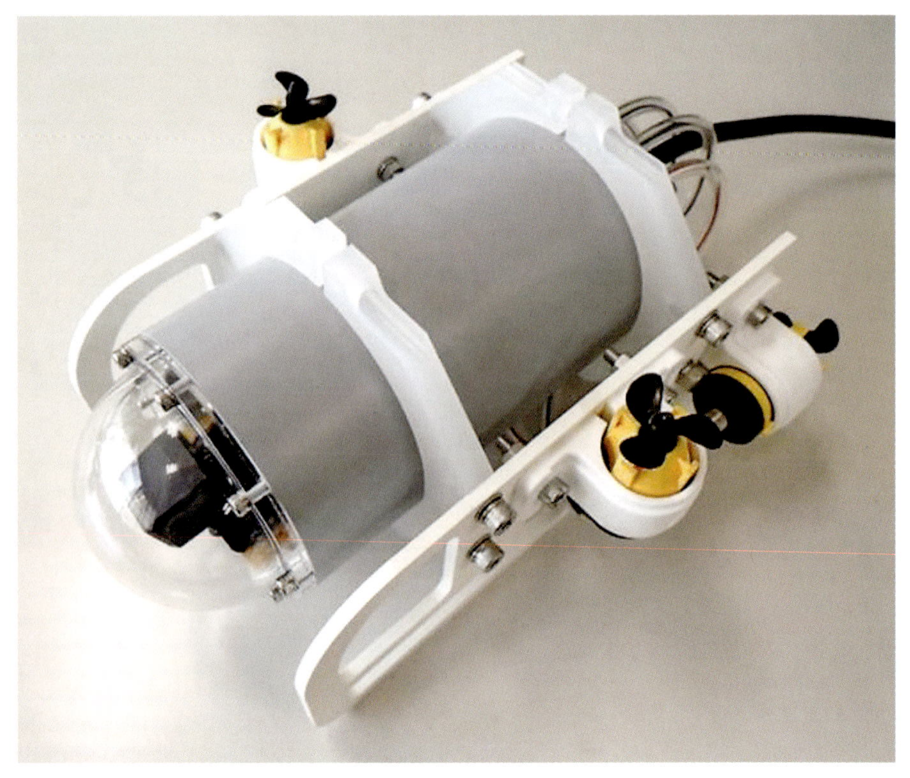
写真15-9　ROVの水中部が完成

第16章

電気・通信試験と重査試験

ROVを構成する部品の全てが組み上がったら，アンビリカル・ケーブルや電源，テレビ・モニタを接続して動作の確認を行います．本章で説明する手順に沿って各部の接続を行ってください．接続の手順を間違えると故障の原因になります．

16-1　電気・通信試験の手順

ROVの全体の配線図を**図16-1**に示します．ケーブルや電源の接続手順は次のようにしてください．

(1) アンビリカル・ケーブルのLANケーブルをコントローラのRJ45ジャックに接続します．
(2) コントローラのDCジャックに，ROV動作用のACアダプタを接続します．ACアダプタは，まだ電源コンセントに挿さないでください．
(3) アンビリカル・ケーブルのカメラ信号プラグ(黄色)とテレビ・モニタのジャック(黄色)を接続します．
(4) アンビリカル・ケーブルのカメラ電源ジャック(赤色)に，カメラ用のACアダプタを接続します．
(5) テレビ・モニタの電源ジャック(赤色)にACアダプタを接続します．
(6) 各ACアダプタをテーブルタップなどの家庭用AC100V電源に接続します．

ROV本体，およびカメラへの電源供給には，それぞれキット付属の専用のACアダプタを使用します．

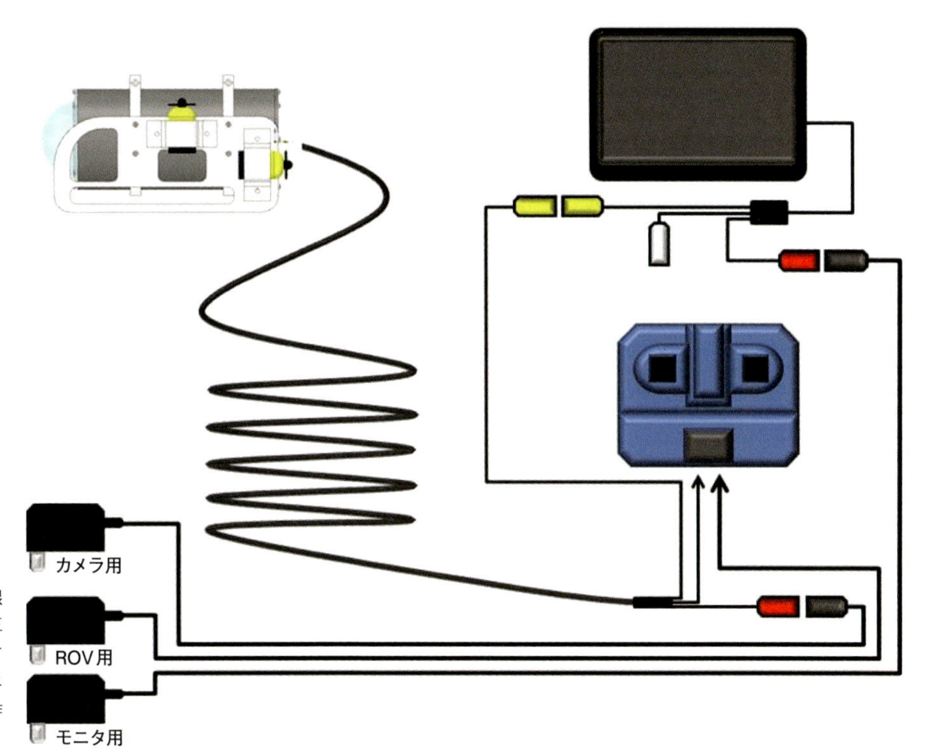

図16-1　ROVの全体配線
ACアダプタを間違えると正常に動作しないので注意すること．また，テレビ・モニタの白ジャックは，本製作では使用しない

テレビ・モニタの電源は，モニタに付属しているACアダプタを使用します．正常に動作すれば，テレビ・モニタにカメラの映像が映し出されます．カメラの映像が傾いている場合には，耐圧容器を回転させるなどして水平になるように調整してください．調整が完了したら，第15章の15-5節で仮留めしておいた耐圧容器バンドのボルトを締めてしっかり固定してください．

映像が映し出されない場合は結線ミスが考えられるので，一度，電源を切ってから配線を確認してください．電源をつないだまま修正や調整を行うと，ショートや破損，感電の危険があるので十分に注意して作業をしてください．

スラスタの動作を確認する場合は，操縦装置のジョイ・スティックを操作して，思いどおりの方向に推力が出ているかを確認します．**写真16-1**のようにジョイ・スティックを操作したとき，**図16-2**の方向に風が出ているかを確認します．逆の方向に風が出ている場合は，プロペラの取り付け方が間違っているか，配線ミスが考えられます．

このとき，プロペラに手を近づけすぎるとケガをする可能性があります．また，プロペラがしっかりと固定されていないと，回転によってプロペラが抜けて飛んでくる可能性があります．操作には十分に注意してください．大気中でスラスタを動作させる場合は，5秒程度にしてください．長時間動作させると，モータが発熱し故障する原因になります．

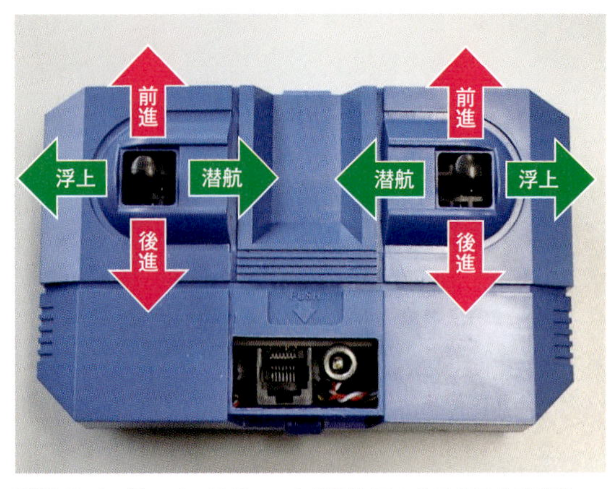

写真16-1　ジョイ・スティックの操作によるスラスタの挙動

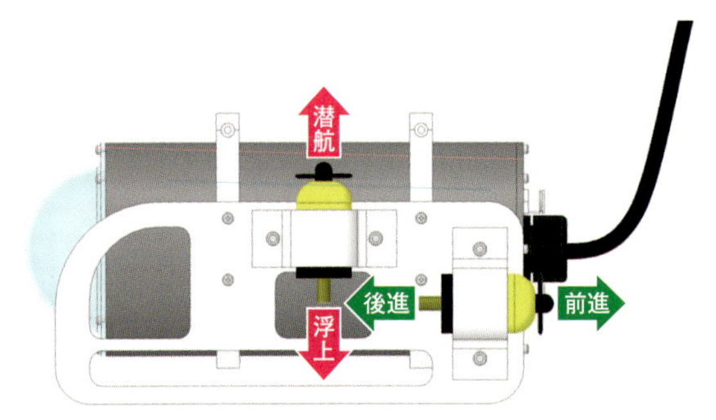

図16-2　スラスタの推力方向

16-2　機体バランスや浮力を調整する重査試験

水中を航走する探査機は，陸上を移動するロボットと違い，航空機と同じような3次元的な動作をします．運動力学では，**図16-3**に示す直線運動と回転運動の3軸6自由度の運動をします．そのため，水中を自由に航行できる探査機を作るには，探査機の水中でのバランスを考慮して開発する必要があります．

しかし，大型の探査機は搭載する機器も多くなるため，前後・左右のバランスを厳密に合わせるのは困難です．そこで，通常，水中探査機はカウンタ・ウェイトと呼ばれるおもりを使って機体のバランスを調整します．

これにより，機体の重心位置や浮心の調整を行うので，重心のズレはほぼないといえます．重心にズレがあると機体は真っ直ぐに進むことができず，思う方向には進みません．また，機体が浮きすぎる（または沈みすぎる）と，上昇・下降のスラスタ操作が必要になり，電力消費量が大きくなってしまいます．

そこで，水中探査機の多くは浮きも沈みもしない中性浮力と呼ばれる状態になるように，機体の水中での重量を調整しています．このように，探査機の水中での機体バランスや浮力を調整することを重査試験と言います．

ROV-TRJ01の基本パーツ・キットには，200 g（50 g × 4個）の鉛ウェイトが2式同梱されています．これを

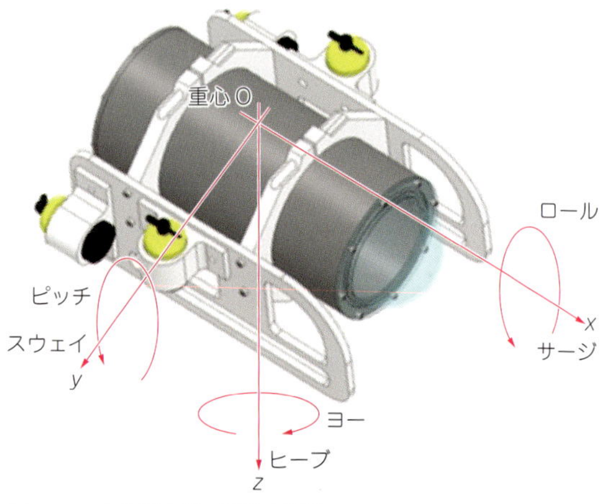

図16-3　水中探査機の機体座標系

使って，水中での機体バランスや浮力の調整の仕方を説明します．鉛ウェイトは，ホビー用の小型ノコギリなどで切り分けることができます．

重査試験は，アンビリカル・ケーブルを1mほど水中に沈める必要があるため，お風呂など広い場所で行ってください．狭い場所やケーブルが十分に沈まない場所では，アンビリカル・ケーブルの影響により正しい水中姿勢になりません．

● 機体全体が浮く場合

スラスタの推力を使っても潜航しない場合は，機体の浮力が大きすぎると考えられます．**図16-4**のように，機体の中央付近に鉛ウェイトを付けて，垂直スラスタのプロペラが水面より下になるように浮力を調整します．機体の左右バランスが水中で水平になるように，ウェイトの量や位置を微調整しながら取り付けてください．

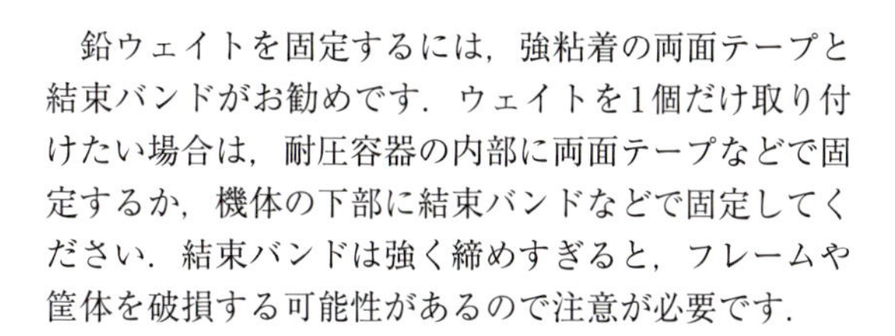

鉛ウェイトを固定するには，強粘着の両面テープと結束バンドがお勧めです．ウェイトを1個だけ取り付けたい場合は，耐圧容器の内部に両面テープなどで固定するか，機体の下部に結束バンドなどで固定してください．結束バンドは強く締めすぎると，フレームや筐体を破損する可能性があるので注意が必要です．

● 機体前方または後方が浮いてしまう場合

機体の前方，後方のどちらかが浮いてしまう場合は，**図16-5**，**図16-6**，**図16-7**を参考にして，機体姿勢が安定する位置にウェイトを取り付けてください．アンビリカル・ケーブルが自重で沈んでしまって機体がケーブルで引っ張られる場合は，ケーブルに浮力材などを取り付けると，ケーブルの影響を軽減することができます．

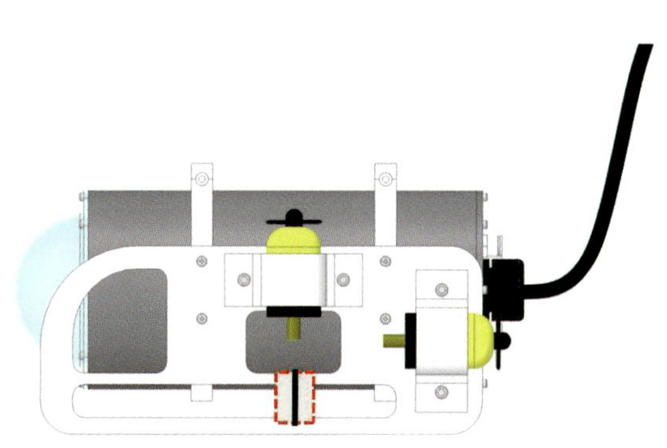

図16-4　垂直スラスタの推力で潜航しない場合のウェイトの取り付け例
機体の中央付近に左右対称に取り付ける

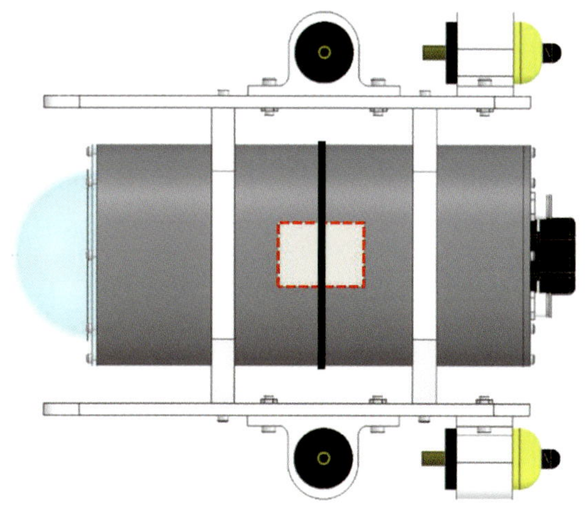

図16-5　機体下部へのウェイトの取り付け例

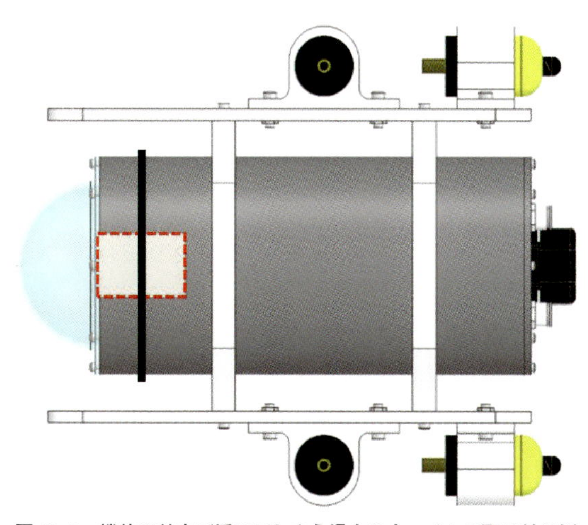

図16-6　機体の前方が浮いてしまう場合のウェイトの取り付け例

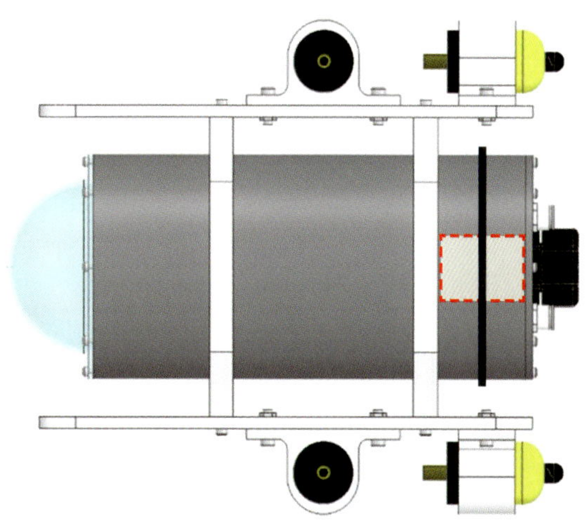

図16-7　機体の後方が浮いてしまう場合のウェイトの取り付け例

第17章

操縦装置の キャリング・ケースの組み立て

ROV-TRJ01の基本パーツ・キットには，ROVを動かすためのコントローラや映像を映し出すテレビ・モニタ，ACアダプタなどを格納するキャリング・ケースが同梱されています．本章では，このケースにテレビ・モニタを取り付けて本格的な操縦装置に仕上げる製作手順を解説します．

17-1 テレビ・モニタを組み立てる

ROV-TRJ01の基本パーツ・キットに同梱されているテレビ・モニタを組み立てます．箱から取り出した状態では外枠が付いているので，モニタと外枠を分離します．外枠を外すときは，**写真17-1**を参考にして両脇にあるボタンを押すとモニタが外れます．本製作では外枠は使用しません．

モニタと外枠を分離できたら，モニタを雲台に取り付けます(**写真17-2**)．モニタ下部のネジ穴に雲台を取り付けます．このとき，雲台の角度調整用ネジがモニタの背面側になるように取り付けます．

17-2 テレビ・モニタを キャリング・ケースに取り付ける

キャリング・ケースにテレビ・モニタを取り付けるには，テレビ・モニタに同梱されている両面テープを使って貼り付けます．まず，キャリング・ケースを空けて内部のスポンジを取り出します．一番下部のスポンジと蓋(ふた)側のスポンジは取り外さず，そのままにしておきます．

次に，テレビ・モニタの雲台の底面に両面テープを貼り，**写真17-3**を参考にキャリング・ケースの側面に雲台を取り付けます．キャリング・ケースの側面には凸部分がありますが，雲台はこの凸部分の間にちょうど入るようになっています．

テレビ・モニタの取り付けが完了したら，**写真17-4**のように空きスペースにコントローラを入れると操縦装置が完成します．操縦装置を持ち運ぶときは，**写真17-5**のように収納します．雲台からモニタを取り外して収納することで，運搬時の衝撃による故障や破損の軽減になります．また，モニタは雲台の角度調整ネジを緩めると前側に倒すことができます．

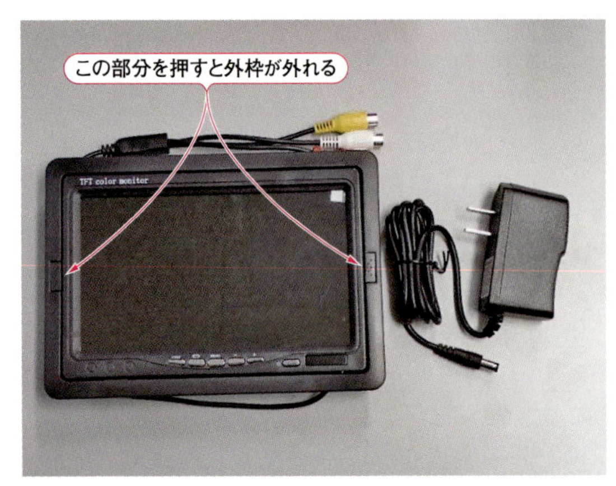

写真17-1 モニタと外枠を分離する

写真17-2 モニタを雲台に取り付ける

(a) スタンドの裏に付属の両面テープを貼る

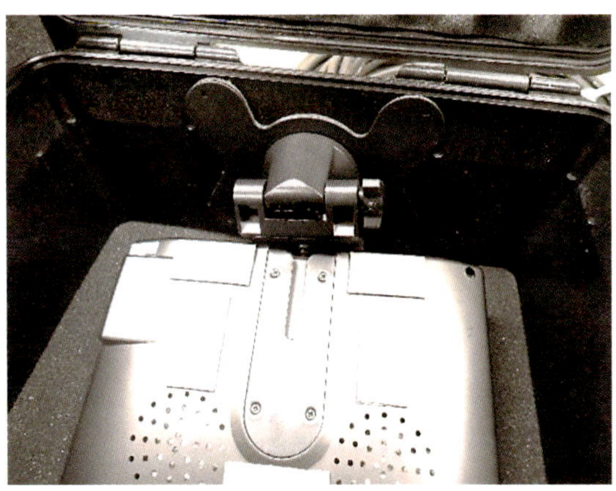

(b) スタンドをケース側面に取り付ける

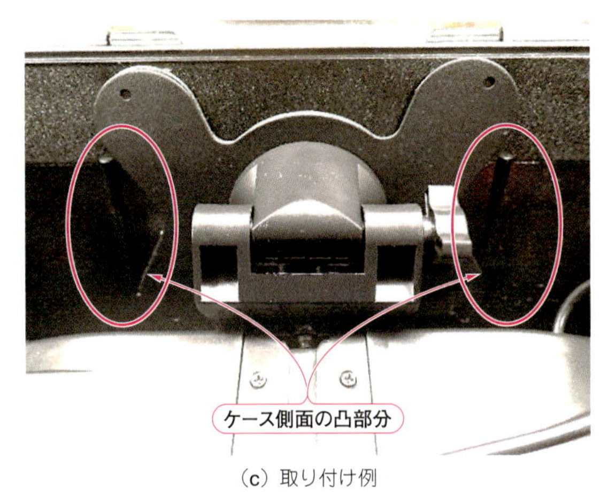

(c) 取り付け例

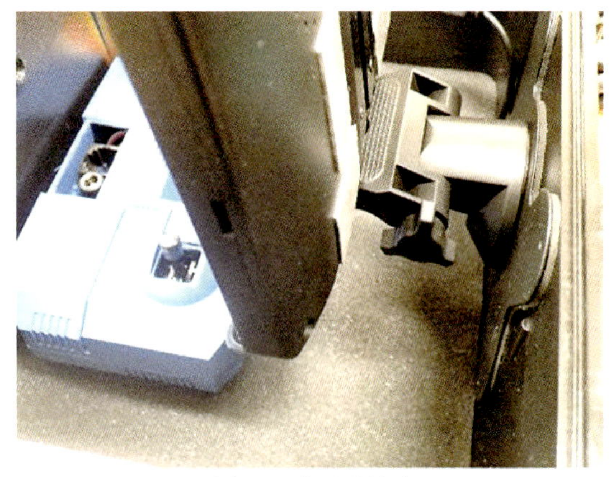

(d) 取り付け例(側面)

写真17-3　キャリング・ケースへの雲台の取り付ける

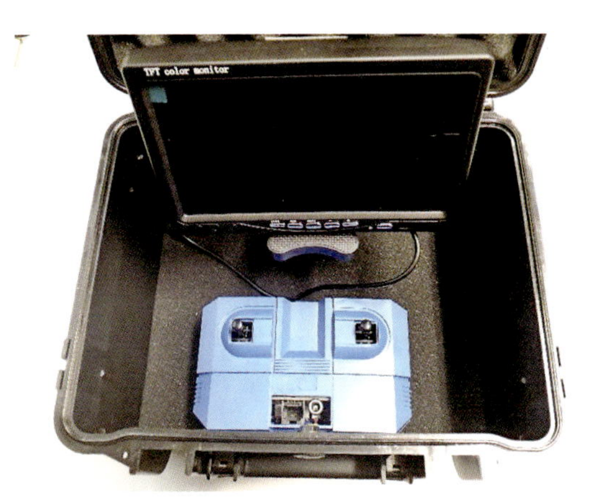

写真17-4　完成した操縦装置

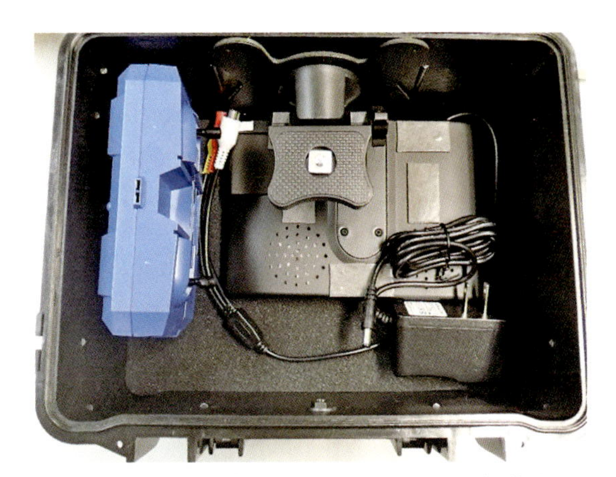

写真17-5　キャリング・ケースにコントローラなどを格納した状態

運搬時にモニタへキズが付いたり，コントローラが破損したりしないように，キャリング・ケースから取り出したスポンジや市販の緩衝材を使って保護することをお勧めします．

これでついにROVの完成です(**写真17-6**)．Oリングを挟み込んでいないか，ネジはしっかり留まっているかなどの最終確認をして，実際に海や湖などで水中を観察してみてください．

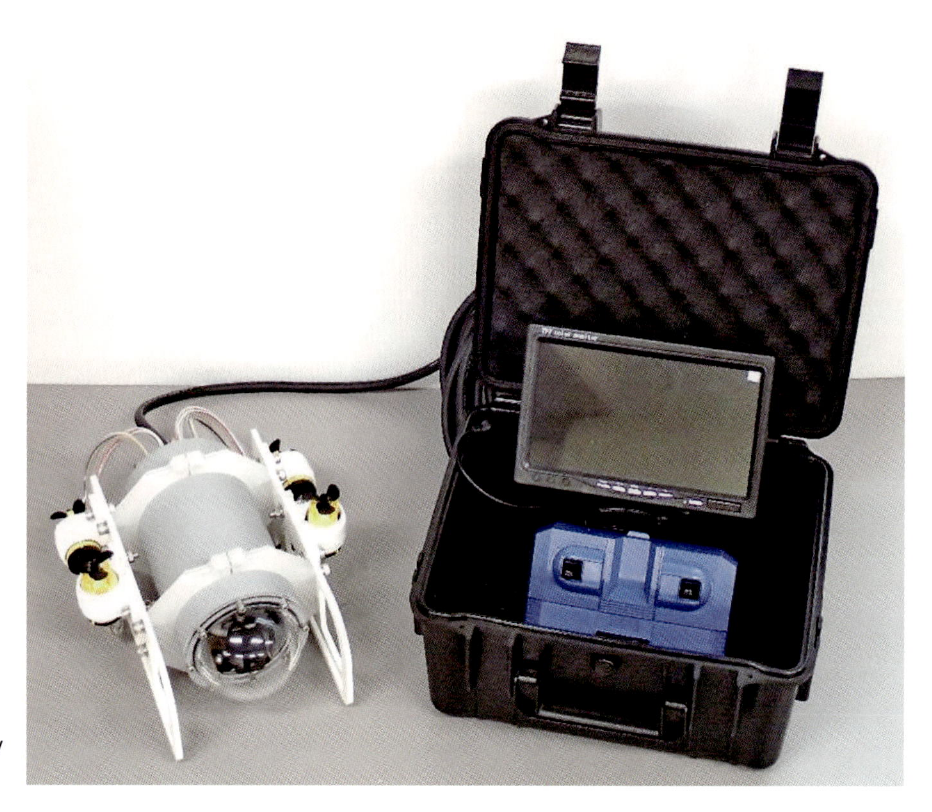

写真17-6　完成したROVと操縦装置

コラム7　水中機器学習用キット「ROV-TRJ01」を水族館の水槽で動かしてみた!

「ROV-TRJ01」は，水密構造の設計方法やOリングの扱い方など，水中機器の構造を組み立てながら学べるキットです．

「いおワールドかごしま水族館」の水槽でテスト走行を行い，最大水深5mまで潜航して，水槽内の魚を観察しました．**写真17-A**に示すように，水槽内を泳ぐトラフザメの姿をとらえることができました．

● **水中機器学習用キット「ROV-TRJ01」**

▶販売定価

アカデミック： 98,000円(税別)

一般・社会人：148,000円(税別)

詳細は，次のWebサイトで公開しています．

▶水中機器学習用キット「ROV-TRJ01」の特設Webサイト

https://toragi.cqpub.co.jp/Portals/0/support/junior/

写真17-A 「いおワールドかごしま水族館」での水中機器学習用キットを試験

カメラが夜行性のトラフザメをとらえた

第18章

水の中を覗いてみよう！

完成したROVを使って，実際に水の中を覗(のぞ)いてみましょう．普段，目にしている海や湖などでも，水中の生物や地形をじっくり見てみると新しい発見があると思います．本章では，ROVを運用するときのコツや注意点を紹介します．

18-1 ROVを安全に使用するために

水中探査機は，水の中に潜ってしまうと機体の状態を目で確認することができなくなります．実際に海洋調査に使用されている探査機では，搭載されたカメラの映像やソナー画像，方位計や深度計など，さまざまな機器のパラメータを元にして機体の状態を把握します．特に，陸上(または船上)の操縦装置とアンビリカル・ケーブルで結ばれた探査機は，ケーブルが受ける外力の影響を無視できません．

水中には，ROVにとって様々な障害が存在します．例えば**図18-1**のように，流木やゴミなどはケーブルを引っ掛けてしまう原因になります．衝突すれば，ROV本体にもダメージを与えます．さらに，目に見えない水中の流れ(潮流など)も無視できません．水流の強い場所(河口付近など)では，ROVを思うように操作できなかったり，何かに衝突して破損したりする恐れがあります．

また，ROVが思うように動かないからといって，ケーブルを強い力で引っ張ると断線などの原因となります．ケーブルには，なるべく張力がかからないように注意してください．ケーブルを繰り出す際は，ROVの動きに合わせて少しずつ様子を見ながら行ってください．水中の様子が見えない状態でケーブルを出してしまうと，流木やゴミ，水中の構造物などに引っ掛かってしまう恐れがあります．ケーブルはゆるまないように，常にテンションに気を付けて運用してください．

ケーブルが海底などに沈んでしまう場合には，**図18-2(b)**のようにケーブルに浮力材を取り付けると，海底面などでの摩擦による破損を軽減できます．浮力材には，救命胴衣やフィッシング用のルアーに使用されている，発泡ポリエチレン材などが手軽に入手できます．しかし，ポリエチレン発泡材は深度が増すにつれて水圧で圧縮されて浮力を失います．浮力材は付ける位置や浮量(大きさ)を十分に考慮しないと，ケーブルが沈んでしまったりROV自体が浮いてしまったりする原因になります．

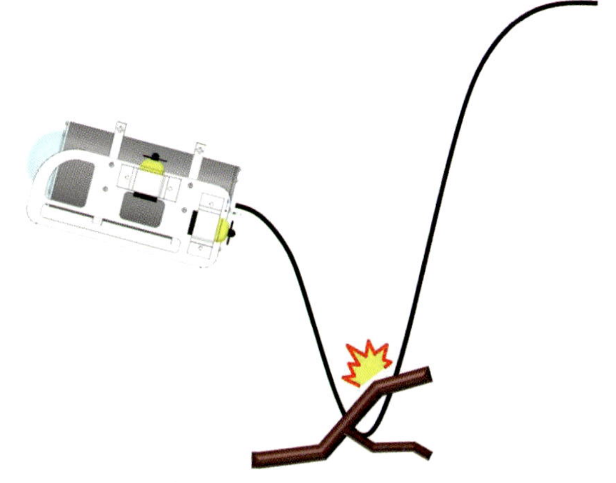

図18-1 ケーブルの繰り出しには注意が必要

目視で確認できない水中でROVを上手に動かすコツは，ROVとケーブルの状態を常に想像しながら操縦することです．また，なるべくゆっくり動かすことで，テレビ・モニタに映し出される周囲の状況から，危険を察知して回避することもできます．特に，濁りの強い場所や流れの速い場所では，カメラで周囲の状況を確認しながら慎重に動かすことが重要です．

図18-3のように，潜航中(または浮上中)，前進中(または後進中)は，なるべく別の動作をさせないように心がけてください．また，水槽やプールのような見通しがきく場所でも，普段から垂直移動と水平移動を別々に行うことを心掛けてください．

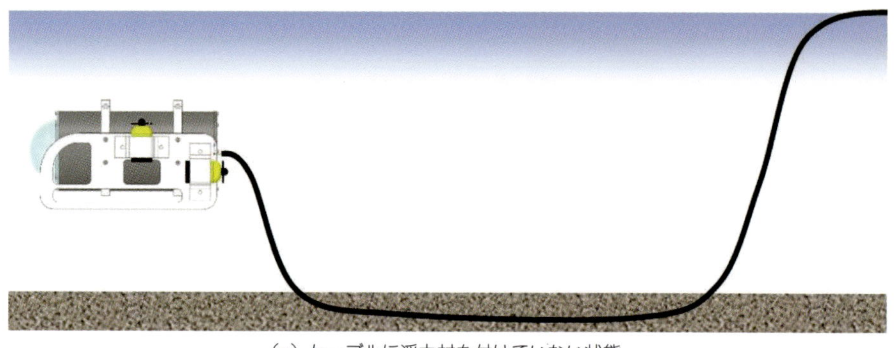

（a）ケーブルに浮力材を付けていない状態

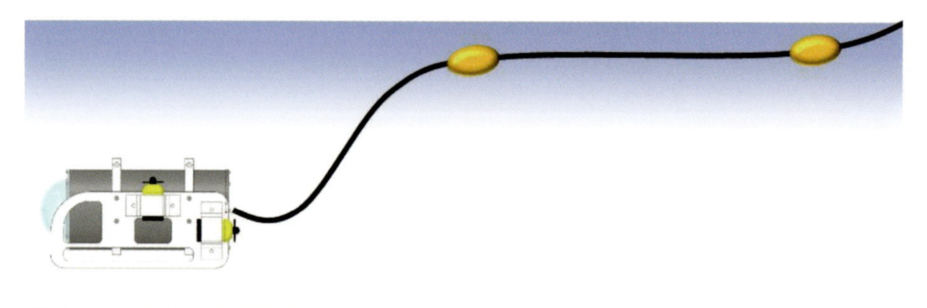

（b）ケーブルに浮力材を付けた状態

図18-2　ケーブルへの浮力材の取り付け例

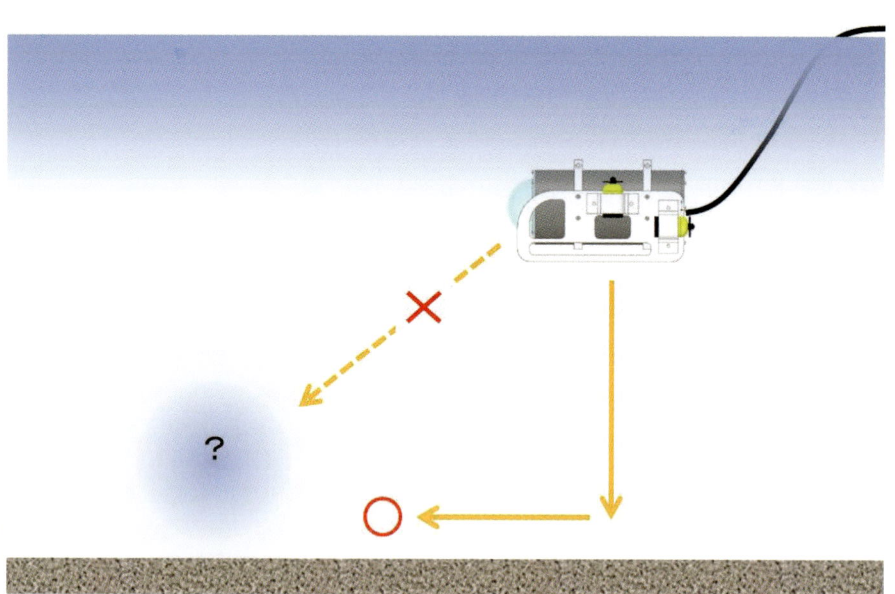

図18-3　水中での基本動作
垂直移動と水平移動は，同時に行わないよう心掛ける

18-2　海や湖でROVを使用する際の注意事項

水中探査機を実際の海や湖などで使用する場合に最も注意すべき点は，他の人や生物に迷惑や悪影響を与えないことです．ROVは，リアルタイムで水中の映像を確認できるという利点があります．対象物をじっくり見たい，細部まで観察したいという探求心から，ついつい近づきすぎてしまいがちです．

本書で紹介したROV-TRJ01の製作では，スラスタのプロペラがむき出しになっているため，対象物に近づきすぎると対象物を傷付ける可能性があります．そのため，海水浴場のような人が多い場所での使用も好ましくありません．こちらから近づいていかなくても，水中に潜っているROVに気付かず周囲の人が近づいてくる可能性もあります．

また，海や湖には漁具や観測装置が設置してある場所もあります．このような場所でROVを使用する場合は，漁業の邪魔をしたり観測データに外乱を与えたりしないように注意が必要です．

特に，漁港などでは船舶の航行の妨げになったり，漁業に影響を与えたりする可能性があります．このような場所で水中機器を使用する場合には，管轄する海上保安庁や漁協に事前の届け出が必要になります．無許可で水中機器を使用した場合には，法律で罰せられることがありますのでご注意ください．

18-3　ROVを長持ちさせるために

ROV-TRJ01は，4台のスラスタを動かすことができるため，高い電流を出力できるACアダプタを使用しています．そのため，スラスタを長時間動かし続けると，モータに負荷がかかり，発熱や焼き切れる原因になります．大気中で長時間スラスタを操作するのは止めるようにしてください．おおむね5秒程度が大気中での動作の目安です．また，水中においても，スラスタの連続稼働はモータの寿命を縮める原因になるのでご注意ください．おおむね20～30秒以下を目安に操作してください．ただし，この操作時間はあくまで目安です．ケーブルや基板の加工精度によって目安となる時間は変わります．

また，スラスタを4台同時に動作させると，ACアダプタの保護回路が動作してしまうことがあります．潜航中(または浮上中)，前進中(または後進中)は，別の動作をさせないように心掛けてください．

ROVを海で使った後にそのまま放置すると，海水の塩分で錆びたり劣化したりします．そのため，使い終わったら必ず水道水などの真水でROV本体とケーブルを洗ってください．ブラシなどで洗う必要はありませんので，ホースなどで全体に水をかけるか，バケツに溜めた水に浸すなどを行ってください．

このとき，ケーブルの電気接続部(コントローラ側)が水に触れないようご注意ください．この作業は「塩抜き」といって，実際に深海調査などで使われる探査機でも毎回実施する作業です．塩抜きが完了したROVは，よく乾燥させて保管してください．スラスタ軸にホコリが詰まると動作不良の原因となりますので，保管場所にもご注意ください．

コラム8　水中機器学習用キット「ROV-TRJ01」発売記念イベント！inかごしま水族館

2018年8月，水中機器学習用キット「ROV-TRJ01」の開発段階から，水槽試験などに協力いただいた「いおワールドかごしま水族館」にて，ROVキットを用いた体験操縦会を実施しました．イベントを盛り上げるべく筆者とトラ技Jr.編集スタッフが会場に急行し，特別イベント・ブースを開設しました．

「ROV操縦教習所」と題して行われた体験会では，特設プールの中に設置された目標物をROVのカメラ映像を頼りに探し出すゲームを行いました．さらに，鹿児島水産高校の学生達が持ち込んだ自作ROVのデモンストレーション走行やROV-TRJ01とのジョイント・ダイブも行いました．

写真18-A　いおワールドかごしま水族館で実施したROV体験操縦会

写真18-B　鹿児島水産高校の生徒よる自作ROVデモンストレーション走行では地元テレビ局が取材に！

出典・参考文献一覧

●第１章

図1-1　ガラス瓶で海に潜るアレキサンダー大王（16世紀の絵画）
出典：フリー百科事典 Wikipedia

図1-A　電波と音波の吸収減衰と周波数の関係
出典：海洋音響学会，海洋音響の基礎と応用，2014，成山堂書店

表1-2　日本で見られる実物の水中探査機（2017年12月現在）
提供：くろしおⅡ号，福島町・青函トンネル記念館
提供：MURS 100，玉野海洋博物館

●第２章

図2-1　「しんかい6500」のオペレーション
出典：浦 環，高川 真一 編著；海中ロボット，成山堂書店

図2-5　Oリングの取り付け方
出典：技術計算製作所，Webサイト（https://gijyutsu-keisan.com/）

写真2-12　市販されている複合コネクタの例
提供：マリメックス・ジャパン

●第５章

図5-2　アルゴフロートの展開状況（2019年5月現在）
出典：Argo，Webサイト（http://www.argo.ucsd.edu/）

図5-3　アルゴフロートの構造
出典：Argo，Webサイト（http://www.argo.ucsd.edu/）

図5-5　アルゴフロートの観測サイクル
出典：Argo，Webサイト（http://www.argo.ucsd.edu/）

図5-7　中緯度海域の代表的な水温，塩分，圧力，音速プロファイル
出典：Lynne D. Talley；Descriptive Physical Oceanography，An Introduction.

図5-9　東日本大震災の発生前後に震源付近に展開していたアルゴフロート（#2901021）の航跡
出典：海洋音響学会，Vol.42，No.3，2015-7

図5-10　アルゴフロート（#2901021）が観測した地震発生前後の音速の変化
出典：海洋音響学会，Vol.42，No.3，2015-7

図5-11　スマトラ島沖地震の前後に震源付近で展開していたアルゴフロートの航跡
出典：海洋音響学会，Vol.42，No.3，2015-7

図5-12　アルゴフロート（#5900234）が観測した地震発生前後の音速の変化
出典：海洋音響学会，Vol.42，No.3，2015-7

図5-13　アルゴフロート（#2900357）が観測した地震発生前後の音速の変化
出典：海洋音響学会，Vol.42，No.3，2015-7

写真5-1　アルゴフロートの投入作業の様子
提供：海洋研究開発機構

●第７章

図7-5　音速プロファイルの概略
出典：Lurton Xavier；"AnIntroduction to Underwater Acoustics：Principles and　Applications, secondedition", Springer Praxis Publishing, London, UK，pp.41, 2010.

図7-6　中緯度の水深1000m付近に音源を設置した場合の典型的な音速プロファイルと伝搬経路
出典：Munk W, P. Worcester，C. Wunsch；"Ocean Acoustic Tomography.", Cambridge：University Press.1995.

初出一覧

本書は「トラ技Jr.」誌（CQ出版社発行）に掲載された記事「深海のエレクトロニクス」を基に，大幅な加筆・再編集をしたものです．初出は以下のとおりです．

- 水圧8万トン！音波で超スロー操縦！潜水艇「しんかい6500」，2014年11・12月号，pp.19-21．
- 全長12000 m！リモコン式無人ロボット「かいこう」の命綱，2015年1・2月号，pp.20-21．
- 遠隔式探査機「かいこう」の信号伝送，2015年3・4月号，pp.20-21．
- 深海無人探査機「かいこう」の船上コックピット，2015年5・6月号，pp.18-21．
- 深海ハンターのスペシャル装備「ペイロード」，2015年7・8月号，pp.32-35．
- グローバル海洋計測用センサ・ボトル「アルゴ・フロート」，2015年秋号，pp.32-35．
- 潜水船の位置も海底地形も「音波」でわかる，2015年冬号，pp.19-21．
- ケーブル・レスで巡航！無人探査機「うらしま」のバッテリ技術，2016年春号，pp.24-27．
- 無人深海探査機AUVの自律制御技術，2016年夏号，pp.24-27．
- 水深1000 m付近の海水成分を観測する計測機器，2016年秋号，pp.32-33．
- 深海のお宝大捜索！旧日本軍の飛行訓練機を発見，2017年冬号，pp.36-37．
- 小型ROVの水中モニタリング・システム，2017年春号，pp.38-39．
- 現場第一！深海ロボ「小型ROV」の潜航ミッション，2017年秋号，pp.38-39．
- −20℃以下で正常動作！南極水中探査ロボ，2018年夏号，pp.30-32．
- 南極観測船「しらせ」の動力を生む電気推進システム（コラム），2019年夏号．
- 水中ロボットの動力部に施される防水対策（コラム），2019年夏号．

INDEX

数字・欧文

あ・ア行

か・カ行

さ・サ行

た・タ行

な・ナ行

は・ハ行

ま・マ行

や・ヤ行

ら・ラ行

著者略歴

後藤 慎平(ごとう・しんぺい)

1983年大阪府生まれ. 国立大学法人 東京海洋大学学術研究院 助教.
民間企業や海洋研究開発機構などを経て2015年より現職. 深海探査機の開発・運用に従事.
第59次南極地域観測隊・同行研究者. マリアナ海溝や南極での探査機運用の経験を活かし, 生物研究や海底資源研究などに不可欠な水中機器開発に取り組む.
2018年からは文部科学省が認定するスーパー・プロフェッショナル・ハイスクールの運営指導委員を務める.
この他, 学校法人 東海大学海洋学部 非常勤講師, 文部科学省高等学校職業教育教科書編集委員を兼務.

DVD付き

本書に付属のDVD-ROMは, 図書館およびそれに準ずる施設において, 館外へ貸し出すことはできません.

深海探査ロボット大解剖&ミニROV製作 [動画付き]

2019年8月1日 初版発行

著　者　後藤慎平
発行人　寺前裕司
発行所　CQ出版株式会社
〒112-8619 東京都文京区千石4-29-14
電話 編集 03-5395-2123
営業 03-5395-2141

ISBN978-4-7898-4137-5

定価はカバーに表示してあります
乱丁, 落丁本はお取り替えします

編集担当 堀越 純一/田中 優美
DTP 西澤 賢一郎
印刷・製本 三晃印刷株式会社
Printed in Japan